# DIE ANFÄNGE DER MECHANIK

K. Hutter (Hrsg.)

# Die Anfänge der Mechanik

Newtons Principia gedeutet aus ihrer Zeit
und ihrer Wirkung auf die Physik

Mit Beiträgen von
G. Böhme, E. A. Fellmann, D. Speiser, C. A. Truesdell
und einem Geleitwort von H. Böhme

Springer-Verlag  Berlin  Heidelberg  New York
London  Paris  Tokyo  Hong Kong

Professor Dr. Kolumban Hutter

Institut für Mechanik, Technische Hochschule Darmstadt, Hochschulstraße 1,
D-6100 Darmstadt, Fed. Rep. of Germany

ISBN-13:978-3-540-51028-4      e-ISBN-13:978-3-642-74675-8
DOI: 10.1007/978-3-642-74675-8

CIP-Titelaufnahme der Deutschen Bibliothek

Die **Anfänge der Mechanik**: Newtons Principia gedeutet aus ihrer Zeit und ihrer Wirkung auf die Physik / K. Hutter (Hrsg.). Mit Beitr. von G. Böhme ...
– Berlin; Heidelberg; New York; London; Paris; Tokyo: Springer, 1989
   ISBN-13:978-3-540-51028-4 (Berlin ...) brosch.

NE: Hutter, Kolumban [Hrsg.]; Böhme, Gernot [Mitverf.]



2155/3150-543210 – Gedruckt auf säurefreiem Papier

# Vorwort

Am 8. Juni 1988 veranstaltete die Technische Hochschule Darmstadt unter der Schirmherrschaft ihres Präsidenten, Professor Dr. HELMUT BÖHME, eine wissenschaftshistorische Tagung zum dreihundertsten Gedenkjahr der erstmaligen Drucklegung der *Philosophiae Naturalis Principia Mathematica* von ISAAK NEWTON am 7. Juli 1687. Ich wurde mit der Organisation und Durchführung betraut. Dank der tatkräftigen Unterstützung vieler meiner Kollegen ist daraus nicht nur ein schöner und gediegener Anlaß geworden, sondern ein interessanter und lehrreicher Zyklus von Vorlesungen zur Entwicklungsgeschichte der Mechanik, dessen Herausgabe in Buchform, wie mir schien, sich lohnte.

Das vorliegende Bändchen umfaßt neben einem Geleitwort von Herrn H. BÖHME, dem Präsidenten der Technischen Hochschule Darmstadt, vier Beiträge von anerkannten Wissenschaftshistorikern oder Naturwissenschaftlern, die sich der Geschichte ihres Fachgebietes verpflichtet fühlen. Alle Beiträge beleuchten entweder die Entstehungsgeschichte der *Principia* oder stellen ihren Einfluß auf die Entwicklung der Mechanik im den *Principia* folgenden achtzehnten Jahrhundert dar.

G. BÖHMEs Beitrag *De Gravitatione* klärt auf, oder gibt Begründungen dafür, daß NEWTON mit diesem Manuskript eigentlich die *Principia* schreiben und gleichzeitig die Prinzipien der Philosophie von DESCARTES widerlegen wollte.

D. SPEISER legt in seinem Aufsatz über die Grundlegung der Mechanik in HUYGENS *Horologium Oscillatorium* und in NEWTONs *Principia* dar, daß NEWTON in HUYGENS einen Vorläufer fand, der Teile seiner grundlegenden Axiome bereits vorwegnahm und somit wegbereitend zu deren Formulierung beitrug.

C. A. TRUESDELL erläutert den Einfluß, den die *Principia* auf die Mechanik des achtzehnten Jahrhunderts – vor allem EULER – ausübten, und geht auf einige „populäre Aussagen über die *Principia* ein, die zwar falsch sind, aber schnell in die Folklore der Physik und ihre Geschichte Eingang fanden, . . . , so daß sie aus dem Allgemeingut nicht mehr zu verbannen sind."

Der Beitrag von E. A. FELLMANN geht schließlich auf den Einfluß ein, den die *Principia* auf Newtons Zeitgenossen und fachliche Kontrahenten auf dem Kontinent ausübten. Er beschreibt insbesondere die Marginalien – Randnotizen –, die LEIBNIZ seinem Exemplar der *Principia* beifügte, und

gibt so einen besonders interessanten Einblick in die früheste Entwicklungsgeschichte der Mechanik.

Alle Vortragstexte mit Ausnahme desjenigen von C.A. TRUESDELL sind
in deutscher Sprache verfaßt. Ich habe die englische Vorlage des Manuskrip-
tes von TRUESDELL ins Deutsche übersetzt und hoffe, daß diese Fassung
das Original in seinem Grundgehalt trifft. Professor W. BEIGLBÖCK und
Professor P. HAUPT haben meine Übersetzung gelesen und einige Verbesse-
rungsvorschläge gemacht. Ich möchte dafür bestens danken. Die Texte sind
von Frau R. DANNER in TEX erfaßt worden; sie wurde dabei von M. SIEGEL
und H. KNÖDLER helfend unterstützt.

Ich danke den Autoren und allen am Projekt Beteiligten für ihren Ein-
satz und dem Springer-Verlag, insbesondere Herrn Professor W. BEIGLBÖCK,
für die Förderung des Vorhabens und die Übernahme der Drucklegung.
Möge das Büchlein zur Freude vieler an der Geschichte der Mechanik inter-
essierter Leser werden.

Darmstadt, Dezember 1988                                    *K.Hutter*

# Inhaltsverzeichnis

# Zum Geleit

*Helmut Böhme, Darmstadt*

Am 7. Juli 1687 erschienen in London die „*Philosophiae Naturalis Principia Mathematica*" des ISAAK NEWTON – durch die Knappheit seiner Argumentation eines der schwierigsten Bücher, die je geschrieben wurden, und dennoch eines der folgen- und einflußreichsten. Seinen Inhalt faßte A. R. HALL in knapper vereinfachter Form zusammen: „Das Werk ist in drei Bücher unterteilt. Das erste, das mit Definitionen und den Bewegungsgesetzen beginnt, analysiert die Bewegung von Körpern, die von einem Zentrum angezogen werden. Hier errichtet NEWTON seine grundlegende mechanische Theorie der Bahnbewegung und benennt Verfahren, um astronomische Beobachtungen und die Bewegungsgesetze aufeinander zu beziehen; es wird bewiesen, daß bei einem invers quadratischen Kraftgesetz die Bahn einen Kegelschnitt beschreiben muß. Buch 2 handelt von der Bewegung von Körpern in Flüssigkeiten und Flüssigkeitsströmungen; es wird näherungsweise die Bahn einer Geschoßbewegung in der Luft bestimmt; die Geschwindigkeit des Schalls in der Luft wird von ersten Prinzipien aus errechnet; es wird die Unmöglichkeit von Ätherwirbeln bewiesen. Nachdem in Buch 2 die mathematischen Prinzipien auf die Physik angewandt wurden, beschreibt NEWTON in Buch 3 deren Anwendung auf die Astronomie (Planeten, Kometen, die Präzession der Äquinoktien) und auf irdische Vorgänge (die durch die gemeinsame Gravitation hervorgerufene Gezeitenbewegung, die abgeplattete Form der Erde). All dies dient dem Beweis, daß die Gravitation die universelle Eigenschaft der Materie ist, die sich überall aus den jeweiligen Massen und dem umgekehrt quadratischen Abstand zwischen ihnen ergibt."

Mit seinen in den „*Principia*" aufgestellten Grundzügen der Mechanik begründete NEWTON die theoretische Physik, gab Anstöße zur Untersuchung mathematischer Gesetze der Natur und beeinflußte Technik, Naturwissenschaften und Philosophie nicht nur seiner Zeit, sondern bis heute nachhaltig. Ich begrüße es, daß die Technische Hochschule Darmstadt zwar spät, aber gerade noch rechtzeitig vor dem Ablauf des 300. Newton-Gedenkjahres diesen bedeutenden „Gründervater" der Wissenschaft mit einem Kolloquium ehrt und daß es gelungen ist, für die Vorträge des heutigen Tages international renommierte Experten zu gewinnen. Ihnen gilt mein besonderer Dank für ihre Bereitschaft, uns über die philosophischen Grundlagen und über die Einflüsse und Beziehungen NEWTONs zu seinen großen Zeitgenossen und Nachfolgern zu berichten. Namens der Technischen Hochschule Darmstadt begrüße ich alle Teilnehmer dieser Tagung auf das herzlichste und freue mich über ihr Interesse an den geistigen Wurzeln auch noch heutiger Wissenschaft. Da ich von Haus aus Historiker bin, vermisse ich an unserer Hochschule manchmal das ständige Bewußtsein der Wissenschaftler, in einer langen Tradition zu stehen, und wünschte mir eine verstärkte Beschäftigung mit der Entwicklungsgeschichte der eigenen Wissenschaft, die von einer solchen Veranstaltung angeregt und gefördert werden kann. Ich danke deswegen K. HUTTER *sehr*, sich dieser Aufgabe angenommen zu haben.

Die Zeit des späten 17. Jahrhunderts, in der NEWTONs „*Principia*" entstanden und veröffentlicht wurden, ist eine der Epochen der europäischen Geistesgeschichte. Es ist der Kulminationspunkt der absolutistischen Monarchie Ludwigs XIV. mit all ihrem äußeren Glanz und Pomp, ihren kulturellen Aktivitäten, die Paris – um 1680 bereits mehr als eine Halbmillionenstadt – zum geistigen Mittelpunkt Europas mit großer Anziehungs- und Ausstrahlungskraft werden lassen, wo MOLIÈRE, LAFONTAINE und RACINE ihre Werke verfassen, LE NÒTRE den Park von Versailles anlegt – aber auch mit all ihren Schattenseiten wie der Einschränkung der Religionsfreiheit durch die Aufhebung des Edikts von Nantes, die die Hugenotten zur Auswanderung zwingt, und den nachfolgenden erbitterten Koalitions- und Erbfolgekriegen. Der französische Historiker PAUL HAZARD hat die Jahre vor und um 1700 mit dem Stichwort „*La Crise de la Conscience Européenne*" gekennzeichnet, weil in dieser bewegten Zeit vieles vorgedacht wurde, teils geduldet, teils geächtet, was dann von der Aufklärung wieder aufgegriffen, in den politischen Revolutionen des 18. Jahrhunderts neu formuliert wurde. HAZARDs These lautet: „Die große Schlacht der Ideen findet vor 1715 und sogar vor 1700 statt. Die Wagnisse der Aufklärung scheinen blaß und schal, gemessen an der angreifenden Kühnheit des ‚Tractatus theologico-politicus‘, an den schwindelnden Abenteuern der ‚Ethik‘. Erkennen wir also, daß fast alle Positionen des Geistes, deren Gesamtheit zur französischen Revolution führte, noch vor Ende des 17. Jahrhunderts bezogen waren. Wenn Neuheit, in der Sphäre des Geistes, genannt werden kann: lange Vorbereitung, die endlich Früchte trägt, Wiederaufleben ewiger Tendenzen zu neuer, fast plötzlicher Leuchtkraft, eine bestimmte Haltung, Akzentuierung, Intensität von der Vergangenheit weg auf die Zukunft hin – endlich, die Entfaltung von Ideenmächten, selbstsicher genug, um auf die Praxis zu wirken; so hat eine Veränderung, deren Folgen bis auf den heutigen Tag gekommen sind, sich in *jenen Jahren vollzogen*, da die Geister wie SPINOZA, BAYLE, LOCKE, NEWTON, BOSSUET, FÉNELON, LEIBNIZ, um nur die größten zu nennen, zu *einer Generalbesinnung, Selbst- und Weltprüfung* schritten, um die beherrschenden Wahrheiten des Lebens *aufs neue* zu begründen."

Bei NEWTON – und seinen Zeitgenossen – vollzieht *sich die endgültige Emanzipation der Wissenschaften*. Gerade auf dem Gebiet der Naturwissenschaften häufen sich die Entdeckungen, die neuen Erkenntnisse der Medizin, der Astronomie, der Physik, der Geologie basieren vielfach auf den von NEWTON entwickelten Bewegungsgesetzen, die als eine „Weltformel" verstanden werden. Empirische Methoden verhelfen zu neuen Einsichten. Die Kometenerscheinung von *1682* versetzt die Menschen in Angst und Schrecken, läßt Untergangsvisionen wiedererwachen. Aufgrund der Newtonschen Mechanik gelingt es HALLEY, die Erscheinungszyklen des Kometen vorauszuberechnen. Noch werden Hexen verbrannt, aber die großen Geister der Zeit huldigen der *Rationalität*. Sie repräsentieren, wie HEGEL es genannt hat, *eine „Periode des denkenden Verstandes"*. Ausgehend von mathematischen und physikalischen Problemen gelangen sie – wie DESCARTES und PASCAL – *zu staatsphilosophischen Gedanken, zu Untersuchungen über die vernünftigen Formen menschlicher Gemeinwesen* – wie HOBBES und LOCKE – und endlich wieder zu den letzten Fragen der Beziehungen zwischen Mensch, Natur und Gott – wie NEWTON und LEIBNIZ. Man kann sich die Vielfalt geistiger Ansätze, die Breite der Interessen, die produktive Neugier dieser Endphase nicht variabel und lebendig genug vorstellen. Antinomien und Widersprüche, vorwärtsgerichtete Ideen und überraschende Erkenntnisse, staatliche Machtentfaltung und die Entwicklung frühdemokratischer und frühsozialistischer Strukturen ergeben das Geflecht einer geistigen Kultur, von der wir bis heute zehren.

Ich wünsche Ihnen, daß die Referate dieses Tages einen Abglanz von der Gedankengröße ISAAC NEWTONs und seiner Zeit vermitteln.

# Philosophische Grundlagen der Newtonschen Mechanik

*Gernot Böhme, Darmstadt* ·

## I. Einleitung

Von philosophischen Grundlagen der Mechanik zu reden, ist unter Naturwissenschaftlern und Technikern nicht selbstverständlich. Der Grund dafür ist in dem Selbstbewußtsein der Naturwissenschaften zu sehen, das neben der Skepsis gegenüber der Philosophie das Gefühl impliziert, fremder Hilfe unbedürftig zu sein.

Die Naturwissenschaften haben sich seit der Zeit NEWTONs von der Philosophie emanzipiert. Diese Aussage, die der gegenwärtigen Selbständigkeit der Physik Rechnung trägt, besagt aber zugleich, daß die Situation zur Zeit Newtons anders war. Für NEWTON war, was wir heute Physik nennen, oder spezieller: was wir heute seine Mechanik nennen, noch Philosophie, Naturphilosophie. Das Grundbuch neuzeitlicher Mechanik, NEWTONs *Principia*, weist diese durch seinen Titel als Naturphilosophie aus: *Philosophiae Naturalis Principia Mathematica*. Dieser Titel ist für NEWTON keineswegs eine äußerliche Subsumtion seiner eher mathematischen Beschäftigungen unter die Philosophie. Vielmehr ist seine wissenschaftliche Bemühung auch in der Mechanik im eminenten Sinne als Philosophie zu bezeichnen. Sie ist dem Erkenntnisinteresse nach bei genauerem Zusehen auch gar nicht so von seiner Alchimie, die wir neuerdings besonders durch die Arbeiten von B. J. T. DOBBS [1] kennengelernt haben, unterschieden, vielmehr geht es NEWTON hier wie dort um das, „was die Welt im innersten zusammenhält". Newtons Mechanik ist nicht einfach ein Calculus, mit dem aus Bewegungsformen wirkende Kräfte und aus wirkenden Kräften Bewegungsformen abgeleitet werden – sie enthält auch das, und ein solcher Calculus kann aus ihr isoliert werden – sie ist vielmehr der Versuch, diese eine, unsere konkrete Welt in ihrem Aufbau zu verstehen.

Wenn man heute der Rede von philosophischen Grundlagen der Mechanik einen möglichen Sinn verleihen will, dann böte sich als Erstes an, dabei Philosophie als Methodologie zu verstehen. Philosophie als Methodologie oder Wissenschaftstheorie erscheint dem heutigen Naturwissenschaftler auch noch am ehesten als akzeptabel. Tatsächlich sind NEWTONs *Princi-*

*pia* in diesem Sinne auch vielfach untersucht worden. Die Absicht war dabei, NEWTON, der ja ohnehin der Heros neuzeitlicher Naturwissenschaft ist, auch in methodologischer Hinsicht als vorbildlich hinzustellen. Unter diesem Gesichtspunkt richtete sich das Interesse besonders auf die Bemerkungen, die ROGER COTES in seinem Vorwort zur zweiten Auflage der *Principia* über NEWTONs induktives Vorgehen gemacht hat, wie auch auf NEWTONs methodologische Regeln, die *regulae philosophandi*, die NEWTON am Anfang des dritten Buches der *Principia* aufstellt. Das hierbei befolgte Verfahren, nämlich NEWTON zum Zeugen dafür aufzurufen, was wir heute als das wahre Vorgehen der Naturwissenschaft ansehen, scheint mir aber ziemlich unfruchtbar zu sein. NEWTONs Werk wird darin gerade nicht als ein Buch genommen, das uns etwas lehrt und zu denken gibt.

Das verhält sich ganz anders, wenn wir heute, dreihundert Jahre nach Erscheinen der *Principia*, ihre erstaunliche Stabilität und bleibende Gültigkeit zum Anlaß nehmen, nach möglichen philosophischen Gründen für diese Gültigkeit zu fragen. Nach dem heute herrschenden Selbstverständnis der Naturwissenschaft – vielleicht der Wissenschaft überhaupt – ist sie ja ein höchst innovatives Unternehmen, dessen implizites Ziel es ist, die eigenen Resultate immer wieder veralten zu lassen. Dieses Selbstbewußtsein ist vielleicht am klarsten von MAX WEBER in seinem Aufsatz ‚Wissenschaft als Beruf‘ formuliert worden. Er sagt: „Jeder von uns ... in der Wissenschaft weiß, daß das, was er gearbeitet hat, in 10, 20, 50 Jahren veraltet ist. Das ist das Schicksal, ja: das ist der *Sinn* der Arbeit der Wissenschaft ...“ [2].

Ähnlich wird ja von POPPER das beständige Fortschreiten, nicht das Erreichen von bleibenden Erkenntnissen als Charakteristikum der Wissenschaft formuliert. Philosophische Grundlagen kann es nach dieser Fortschrittsideologie für die Wissenschaft gar nicht geben, sie ist vielmehr die beständige Arbeit, sich aus einem morastigen Grunde zu erheben.

„Mit jedem Schritt, den wir vorwärts machen, mit jedem Problem, das wir lösen, entdecken wir nicht nur neue und ungelöste Probleme, sondern wir entdecken auch, daß dort, wo wir auf festem, sicheren Boden zu stehen glaubten, in Wahrheit alles unsicher und im Schwanken begriffen ist“ [3].

Die faktische Gültigkeit der Newtonschen Mechanik gibt angesichts eines solchen Bildes von Wissenschaft zu denken. Sie wird – sicherlich in der Form vervollkommnet und begrifflich abgerundet – im Kern aber unverändert bis heute an den Universitäten gelehrt und bildet die sichere Grundlage eines breiten Bereichs technischer Anwendungen. Besonders bemerkenswert ist die Tatsache, daß die Newtonsche Mechanik durch die sie überholenden Theorien, nämlich Relativitätstheorie und Quantentheorie, nicht *ad acta* gelegt wurde, d.h. zu einer widerlegten und bloß noch wissenschaftshistorisch interessanten Theorie degradiert wurde. Es ist IMMANUEL KANT, der hundert Jahre nach Erscheinen der *Principia* bereits aus dem Gefühl heraus, daß die Menschheit hier die Heerstraße sicherer Erkenntnis beschritten habe, nach den philosophischen Grundlagen der Newtonschen Mechanik fragte. 1786 publizierte er seine „Metaphysischen Anfangsgründe der Naturwissenschaft". In diesem Titel brachte er seine Auffassung zum Ausdruck, daß die Naturphilosophie außer den mathematischen Grundlagen noch metaphysischer bedürfe, d. h. einer Rechtfertigung ihres begrifflichen Instrumentariums. Wir hätten heute, dreihundert Jahre nach Erscheinen der *Principia* NEWTONs, angesichts ihrer bleibenden Gültigkeit trotz der Erschütterungen durch Relativitätstheorie und Quantentheorie erneut Anlaß, im Geiste KANTs nach ihren philosophischen Grundlagen zu fragen.

Ich will das hier [4] nicht tun, sondern nach den philosophischen Grundlagen der Newtonschen Mechanik im Sinne philosophischer Hintergründe fragen. Diese Auffassung philosophischer Grundlagen ist ja im Sinne der herrschenden Wissenschaftstheorie viel weniger anstößig als die soeben erwähnte kantische. POPPER läßt bekanntlich Metaphysik zwar nicht als Grundlage von Physik, aber sehr wohl als Hintergrund, nämlich als kreative Quelle, zu. Metaphysik ist in diesem Sinne etwas, aus dessen Nährboden Physik entstehen mag, das sie aber mit ihrem Entstehen notwendig hinter sich läßt. Auf diese abwertende Auffassung philosophischer Hintergründe für Physik möchte ich mich allerdings im Fall der Newtonschen Mechanik nicht einlassen. Sie setzt die Trennung bzw. Trennbarkeit des Entstehungs- vom Rechtfertigungszusammenhang von Wissenschaft voraus. Danach wäre es gleichgültig, aus welchen Hintergründen, seien sie nun metaphysisch, mythologisch, religiös oder psychologisch zu verstehen, man seine Ideen bezieht, weil sie nämlich mit ganz anderen Gründen rational gerechtfertig werden müssen. Diese Trennbarkeit des Entstehungs- bzw. Entdeckungszusammenhangs vom Rechtfertigungszusammenhang möchte ich für den Fall der Newtonschen Mechanik bestreiten. Die Begrifflichkeit, derer sich NEWTON in seiner Mechanik bedient, hat ihre Entstehung *in* einem Rechtfertigungszusammenhang. Meine These für das folgende lautet deshalb:

Der Ursprung der Grundbegriffe und Axiome der *Principia Mathematica* ist in einem philosophischen Diskurs zu suchen, und zwar in der Auseinandersetzung NEWTONs mit DESCARTES.

## II. Newtons Schrift „Über die Gravitation..."

Um zu zeigen, daß NEWTON die Grundbegriffe seiner Mechanik im Diskurs mit DESCARTES entwickelt, möchte ich mich im folgenden seiner Schrift „*De Gravitatione et Aequipondio Fluidorum...*" zuwenden (Abb. 1). Es handelt sich hierbei um ein von NEWTON selbst nicht veröffentlichtes Fragment, das

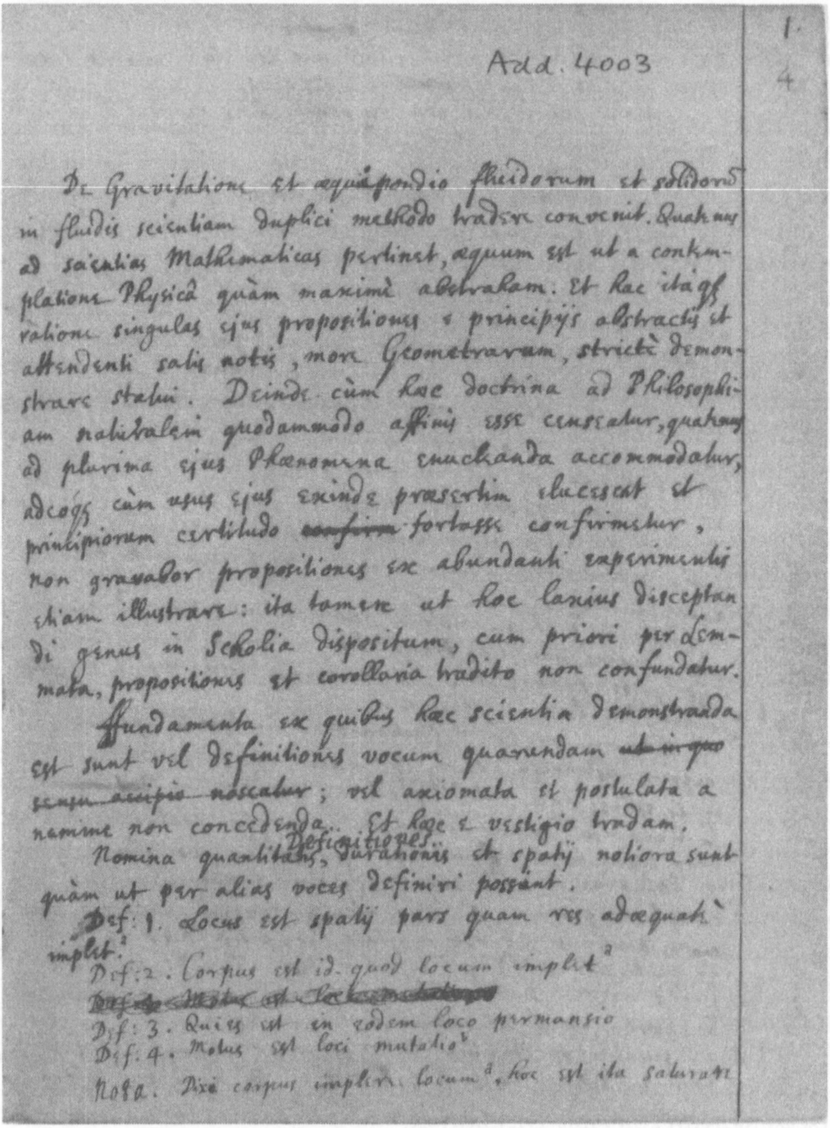

De Gravitatione et æquipondio fluidorum et solidorum in fluidis scientiam duplici methodo tradere convenit. Quatenus ad scholas Mathematicas pertinet, æquum est ut a contemplatione Physica quàm maximè abstraham. Et hac itaque ratione singulas ejus propositiones e principijs abstractis et attendenti satis notis, more Geometrarum, strictè demonstrare statui. Deinde cùm hæc doctrina ad Philosophiam naturalem quodammodo affinis esse censeatur, quatenus ad plurima ejus Phænomena enucleanda accommodatur, adeoque cùm usus ejus exinde præsertim elucescat et principiorum certitudo ~~confirm~~ fortasse confirmetur, non gravabor propositiones ex abundanti experimentis etiam illustrare: ita tamen ut hoc laxius disceptandi genus in Scholia dispositum, cum priori per demmata, propositiones et corollaria tradito non confundatur.

Fundamenta ex quibus hæc scientia demonstranda est sunt vel definitiones vocum quarundam ~~ut in quo sensu accipio~~ noscatur; vel axiomata et postulata a nemine non concedenda. Et hæc e vestigio tradam,

Definitiones.

Nomina quantitatis, durationis et spatij notiora sunt quàm ut per alias voces definiri possunt.

Def. 1. Locus est spatij pars quam res adæquate implet.

Def. 2. Corpus est id quod locum implet.

~~Def... Motus est loci...~~

Def. 3. Quies est in eodem loco permansio.

Def. 4. Motus est loci mutatio.

Nota. Dixi corpus implere locum, hoc est ita saturate

**Bild 1.** Faksimile der ersten Seite aus *De Graviatione* (mit freundlicher Genehmigung der Syndics of Cambridge University Library)

den Newtonspezialisten sehr wohl bekannt ist, dessen Bedeutung für das Bild von NEWTON als Wissenschaftler und für den Charakter seiner Naturwissenschaft ich hiermit aber auch dem breiteren Publikum, insbesondere den Naturwissenschaftlern, nahezubringen hoffe.

Zunächst einiges zum Charakter der Schrift selbst. Das Manuskript ist unter der Signatur Add 4003 Bestandteil der Portsmouth-Collection, des wichtigsten Teils des Newton-Nachlasses mathematischen und physikalischen Inhalts, der in der Universitätsbibliothek in Cambridge aufbewahrt wird. Es handelt sich um ein ledergebundenes Notizbuch, dessen erste vierzig Seiten unsere Schrift einnimmt – alle anderen sind leergeblieben. Die Schrift wurde vom Ehepaar HALL, das sie zuerst in englischer Übersetzung publizierte [5], auf das Jahr 1666 datiert. WHITESIDE, der Herausgeber der mathematischen Schriften NEWTONs, hat dagegen als Erster darauf hingewiesen, daß dadurch, daß NEWTON einen bestimmten Brief DESCARTES zitiert, der ihm nur in der lateinischen Ausgabe der Briefe DESCARTES, Amsterdam bzw. London 1668, zugänglich gewesen sein kann, ein *Terminus post quem* gegeben ist [6]. WHITESIDE datiert heute die Schrift auf eine Zeit zwischen 1670 und 1673. Dagegen hat Frau DOBBS aufgrund inhaltlicher Analysen sie sehr nahe an die Abfassung der *Principia*, d. h. an 1684 herangerückt [7]. Ich selbst würde mich aufgrund gewisser „altertümlicher" Formulierungen und Vorstellungen, wie sie sich in der Schrift finden, eher der Meinung WHITESIDEs anschließen [8].

Die Schrift hat keinen eigenen Titel und wird gewöhnlich durch ihren Anfang, nämlich als *De Gravitatione et Aequipondio Fluidorum* zitiert. Dieser Anfang gibt nun in der Tat einen guten Vorblick auf den Inhalt der Schrift. Er wird im Katalog der Portsmouth-Collection folgendermaßen angegeben: „Ein Buch, das den Anfang einer Arbeit über Hydrostatik enthält und das zum größten Teil aus einer Abhandlung teils metaphysischer, teils theistischer Art besteht, über die Konstitution der Materie, Bewegung, über cartesische Philosophie, usw." [9].

Nach kurzen Vorbemerkungen gibt NEWTON vier Definitionen, nämlich die von ‚Ort' (oder besser gesagt ‚Platz'), ‚Körper', ‚Ruhe', ‚Bewegung'. Dann unterbricht er sich mit der Bemerkung: „Im übrigen habe ich in diesen Definitionen angenommen, daß der Raum als vom Körper unterschieden gegeben ist"(17) [10]. Er befindet sich damit im Gegensatz zur cartesischen Philosophie, die ja bekanntlich nur erfüllte Räume kennt und den Körper als *res extensa* mit Raum identifiziert. NEWTON läßt deshalb eine detaillierte Auseinandersetzung mit DESCARTES folgen, die er anhand einer genauen Analyse bestimmter Paragraphen von DESCARTES' ‚Prinzipien der Philosophie' durchführt. Dieser Exkurs zieht sich über dreißig Seiten hin. Dann auf Seite 32 des Manuskripts kehrt NEWTON mit der Bemerkung „Ich bin schon genug abgeschweift..." (77) zu seiner Folge von Definitionen zurück und läßt noch weitere fünfzehn Definitionen folgen. Dabei geht es um die Begriffe ‚Kraft‘, ‚Tendenz‘, ‚Impetus‘, ‚Trägheit‘, ‚Druck‘, ‚Schwere‘, ferner um die Begriffe ‚Intensität‘, ‚Extension‘, ‚absolute Größe‘, und schließlich um die Begriffe ‚Schnelligkeit‘, ‚Langsamkeit‘, ‚Dichte‘, ‚kompressibel‘, ‚hart‘, ‚Flüssigkeit‘, ‚Gefäß‘ . Das heißt, es handelt sich um Begriffe, die a) noch zur allgemeinen Mechanik gehören, die b) die quantitative Fassung dieser Begriffe betreffen und die c) speziell zur Flüssigkeitsmechanik gehören.

Es folgen dann zwei Axiome: „Erstens: Aus gegebenem Gleichen folgt Gleiches. Zweitens: Körper, die sich berühren, üben aufeinander gleichen Druck aus" (85). Am Ende finden sich noch zwei Sätze und fünf Korollarien zur Hydrostatik inkompressibler Flüssigkeiten, bevor die Schrift unvermittelt abbricht. Ich möchte diese beiden Sätze noch zitieren.

> „*Satz 1*: Alle Teile einer Flüssigkeit, die nicht unter dem Einfluß der Schwerkraft steht, und die mit derselben Intensität von allen Richtungen gedrückt wird, drücken sich wechselseitig gleichmäßig (d. h. mit gleicher Intensität).
>
> *Satz 2*: Und der Druck bewirkt keine Bewegung der Teile untereinander" (87).

Wenn man diese Liste durchgeht, fragt man sich: was für ein Buch wollte NEWTON eigentlich schreiben? Daß es ein umfangreiches Werk werden sollte, dafür scheint mir schon die Tatsache zu sprechen, daß NEWTON ein neues, mehrere hundert Seiten umfassendes Konvolut begann und nachher die restlichen Seiten frei ließ. Aber was für ein Buch sollte es werden? Was hat denn die Gravitation eigentlich mit dem Gleichgewicht von Flüssigkeiten zu tun? Warum entwickelt NEWTON zunächst die allgemeinen Prinzipien einer Bewegungslehre, um dann aber Hydrostatik zu treiben? Warum behandelt NEWTON dort, wo er dann endlich zur Hydrostatik kommt, diese ausgerechnet *ohne* Gravitation? Warum spielen die Zentrifugalkräfte in der Auseinandersetzung mit DESCARTES eine so große Rolle, wenn es NEWTON doch eigentlich um eine neue Grundlegung der Mechanik ging [11]? Und schließlich: Ist es denn wahr, daß NEWTON, wie der Anfang seiner Schrift nahelegt und der Katalog der Portsmouth-Collection schreibt, auf eine Hydrostatik hinaus will? Geht es nicht vielleicht vielmehr um Hydrodynamik?

Meine These, die zugleich all diese Fragen beantworten soll, lautet: NEWTON wollte in dem Buch, das er mit *"De Gravitatione et Aequipondio Fluidorum"* begann, so etwas wie die *Principia Mathematica* schreiben, und er wollte damit die Prinzipien der Philosophie des DESCARTES widerlegen oder ersetzen.

Diese These schließt nun in ihrem zweiten Teil die These ein, daß die *Principia Mathematica* von dieser Art sind, nämlich daß ihr Anspruch eine Widerlegung und Ersetzung der Prinzipien der Philosophie des DESCARTES ist. Diese Behauptung kann natürlich hier nicht im einzelnen gerechtfertigt werden, soll aber kurz durch eine Erinnerung an den Inhalt der *Principia Mathematica* plausibel gemacht werden. NEWTONs *Philosophiae Naturalis Principia Mathematica* beginnen mit einer Reihe von Definitionen und den bekannten drei Grundgesetzen. Dann werden zunächst abstrakt die Beziehungen von Kräften und Bewegungsformen behandelt. Im zweiten Buch entwickelt NEWTON dann eine Flüssigkeitsmechanik, die in der Widerlegung der cartesischen Wirbeltheorie kulminiert. Das dritte Buch behandelt dann die Phänomene *dieser* Welt, die Sonne, die Erde, die Planeten, Ebbe und Flut, Kometenbewegungen und das Weltsystem, d. h. also das System der Planetenbewegungen im ganzen. NEWTON hat damit ein Programm, das im wesentlichen dem Inhalt des zweiten und dritten Buches von DE-SCARTES' Prinzipien der Philosophie entspricht - mit Ausnahme allerdings der Phänomene des Lichtes, die NEWTON ja bekanntlich an anderer Stelle bearbeitet.

## III. Newtons Entwicklung der Grundlagen der Principia Mathematica in der Auseinandersetzung mit den Prinzipien der Philosophie des Descartes

Ich möchte nun im folgenden zeigen, wie NEWTON in der Auseinandersetzung mit bestimmten Partien der Prinzipien der Philosophie des DESCARTES seine eigenen Grundlagen der Mechanik entwickelt. Dabei werde ich mich auf die Begriffe ‚Raum‘, ‚Bewegung‘ und NEWTONs Trägheitsvorstellung beschränken. Einen sehr großen Raum nimmt auch die Diskussion des Körperbegriffs ein, die ich aber hier nicht behandeln möchte, zumal sie ihre eigentliche Fortsetzung nicht in den *Principia Mathematica*, sondern vielmehr in den *Queries der Opticks* findet.

Eine explizite Auseinandersetzung NEWTONs mit DESCARTES läßt sich bereits für das Jahr 1664 nachweisen. Die Jahre 1664–66 gelten als die *anni mirabiles*, die wunderbaren Jahre, in denen NEWTON noch als undergraduate die wichtigsten Ideen seiner Naturphilosophie und Mathematik entwickelte. Dabei spielte die Auseinandersetzung mit DESCARTES' Prinzipien der Philosophie wie auch seiner Geometrie eine besondere Rolle. NEWTON hatte 1661 die Universität bezogen. Er wird von DESCARTES ziemlich bald gehört haben, obgleich seine Philosophie in keiner Weise zum Lehrplan der Universität bzw. des Trinity-College gehörte. Dessen *Curriculum* war noch durchaus aristotelisch organisiert. DESCARTES stand aber damals für all das, was neu und zukunftsweisend war. Man nimmt an, daß NEWTON durch HENRY MORE auf DESCARTES eindringlich hingewiesen worden ist. In der Bibliothek des Trinity-College befindet sich noch heute NEWTONs Ausgabe der Werke des DESCARTES (Amsterdam 1656), in denen er durch dog earings, d. h. also durch Eselsohren, die für ihn wichtigsten Stellen markiert hatte. Wichtiger aber ist, daß man durch das sogenannte Trinity-Notebook [12], ein Notizbuch, in dem sich NEWTON Notizen zu einigen philosophischen Fragen *(quaestiones quaedam philosophicae)* machte, seine Lektüre der Werke des DESCARTES in der genannten Ausgabe verfolgen kann. Diese Lektüre fand in den ersten sechs Monaten des Jahres 1664 statt.

NEWTON zeigt in seiner ersten DESCARTES-Lektüre ein Interesse an vielen Gegenständen, die nachher auch in *De Gravitatione* eine Rolle spielen. Dazu gehören DESCARTES' Ortsbegriff und Körperbegriff, die Unterscheidung von formaler, objektiver und eminenter Realität, die Begriffe der ‚Unendlichkeit' und der ‚Unbegrenztheit', die ‚Wirbel' und die ‚Zentrifugalkraft'. Bemerkenswert ist, daß dagegen DESCARTES' Grundlegung der Mechanik, d. h. also seine Gesetze der Natur und ihrer Anwendung auf die Zentrifugalkraft und die Wirbeltheorie, keine Aufmerksamkeit erfährt. NEWTONs inhaltliches Interesse hat offenbar bei dieser ersten Lektüre viel mehr auf der Theorie des Lichts als auf dem Gebiet der Dynamik gelegen. Zwar findet sich im Trinity-Notebook bereits eine kleine Abhandlung „Of Violent Motion", „über erzwungene Bewegung", die sich zwar mit Widerlegungen der aristotelischen Antiperistasistheorie und der Impetustheorie beschäftigt, aber mit der Auffassung der Trägheitsbewegung als „natürlicher Gravitation" des Körpers doch sehr altertümlich bleibt. Die eigentlichen Bemühungen NEWTONs um eine Grundlegung der Mechanik beginnen erst ein Jahr später, dokumentiert in einem anderen Notizbuch, dem sogenannten Waste Book. Weder hier noch dort findet sich aber eine Auseinandersetzung mit DESCARTES' Bewegungsbegriff und dessen Beziehungen zu den anderen Begriffen ‚Ort', ‚Substanz', ‚Körper', ‚Fliehkraft' usw. Man hat den Eindruck, daß NEWTON bei der oder zur Abfassung von *De Gravitatione* sich erneut DESCARTES' Prinzipien der Philosophie zugewandt hat. Dabei konnte er, wie das Trinity-Notebook beweist, aber bereits auf eine intime Kenntnis seiner Werke zurückgreifen.

Warum aber glaubt NEWTON, indem er sich nun selbst hinsetzt, um die Grundbegriffe einer Mechanik zu formulieren, sich mit DESCARTES auseinandersetzen zu müssen? Ist etwa zu seiner Zeit die Philosophie des DESCARTES die herrschende gewesen oder gar Weltbild-bestimmend? Das kann man wohl insbesondere für England überhaupt nicht sagen. DESCARTES' Philosophie war ein Angebot unter anderen, und es wäre durchaus auch ein Anschluß an Galileis *Discorsi* möglich gewesen, von denen man weiß, daß

NEWTON sie ebenfalls gekannt hat. Aber NEWTON, so meine These, betrachtete DESCARTES' *Principia Philosophiae* als die eigentliche Konkurrenz. Es ging ihm nicht um eine Mechanik, sondern es ging ihm, wie DESCARTES, um das Ganze.

Die Wurzel der Auseinandersetzung mit DESCARTES über die Grundlagen der Mechanik liegt in dessen Unterscheidung zweier Bewegungsbegriffe. DESCARTES unterscheidet die wahre Bewegung von Bewegung im gewöhnlichen Sinne, einer Bewegung, die dem Körper bloß zugeschrieben wird. Es ist für das Folgende entscheidend, daß NEWTON keineswegs leugnet, daß man eine solche Unterscheidung machen muß, daß er vielmehr nur kritisiert, *wie* DESCARTES sie vornimmt. In dieser Kritik kristallisiert sich allmählich seine eigene Unterscheidung zwischen wahren und bloß augenscheinlichen [13] Größen heraus.

Die cartesische Unterscheidung bedient sich folgender Terminologie: Es gibt wahre Bewegung, *ex rei veritate, philiosophice dictu, proprius*. Und es gibt Bewegung im gewöhnlichen Sinne, *ex vulgi usu, derivativus*. Die wahre Bewegung wird nach Paragraph II,25 der *Prinzipien der Philosophie* bei DESCARTES folgendermaßen definiert: Sie ist die „Überführung eines Teiles der Materie oder eines Körpers aus der Nachbarschaft der Körper, die ihn unmittelbar berühren und die als ruhend angesehen werden" [14]. Die nicht wahre, also die bloß zugeschriebene Bewegung ist dagegen eine Bewegung im Sinne bloßer Lageveränderung bezüglich beliebiger Körper.

Das Motiv für diese Unterscheidung ist bei DESCARTES ganz offensichtlich. Es ließ sich nämlich durch diese Unterscheidung die Lehre der Kirche mit philosophischen Lehren in Einklang bringen. Bekanntlich hat ja der Prozeß gegen GALILEI DESCARTES zu äußerst vorsichtigem Publikationsverhalten veranlaßt. So hat er seine ursprünglich geplante Schrift über die Welt nicht publiziert und seine *Prinzipien der Philosophie*, die 1644 erschienen, noch so formuliert, daß nach ihnen die Erde, wenn zwar mit dem Wirbel um die Sonne herumbewegt, „in Wahrheit" als ruhend angesehen werden muß: nämlich als ruhend in der Umgebung der Wirbelmasse, in der sie herumgeführt wird. Auch bei NEWTON in seinen *Principia*, sehr viel später und ferner vom Schuß ist dieses Motiv noch immer zu finden. Wir lesen im Scholium zu den Definitionen: „Diejenigen tun der Heiligen Schrift Gewalt an, die diese Ausdrücke (Zeit, Raum, Ort, Bewegung) von den zu messenden Größen (und das heißt nicht von den sinnlichen Maßen) her interpretieren" [15]. Bemerkenswert ist, daß sich damit die Strategie gegenüber der kirchlichen Lehre bei NEWTON im Verhältnis zu der des DESCARTES umkehrt: Während DESCARTES noch mit der wahren Lehre, wie sie in der Bibel als Gottes Wort enthalten ist, feststellen muß, daß die Erde in Wahrheit ruht, so ist Newton umgekehrt der Meinung, daß die Autoren der Bibel für das

Volk geschrieben haben und sich gerade deshalb der landläufigen Sichtweise und Redeweise bedient haben.

Bekanntlich finden sich ja in NEWTONs theologischen Schriften die ersten Ansätze zu einer Bibelkritik. Das Motiv, mit der Lehre der Heiligen Schrift in seinen wissenschaftlichen Arbeiten im Einklang zu sein, war sicherlich für NEWTON nicht mehr für seine Unterscheidung von wahrer und bloß augenscheinlicher Bewegung entscheidend. Seine spätere Gleichsetzung von wahr mit mathematisch und seine Kriterien für wahre Bewegung, deren charakteristische Dreiheit sich bereits in *De Gravitatione* findet, zeigen, daß diese Begriffsdichotomie für ihn wissenschaftskonstitutive Bedeutung hat. Um Wissenschaft zu treiben, muß man sich vom vulgären, am sinnlichen Eindruck orientierten Verständnis von Bewegung lösen und sie durch die wahren, und das heißt eben mathematischen Begriffe von Raum, Ort und Zeit bestimmen.

Nun läßt sich in *De Gravitatione* sehr deutlich, geradezu mit philologischer Präzision zeigen, an welcher Stelle NEWTON die cartesische Unterscheidung zweier Bewegungsbegriffe in die seine herumdreht. Für DESCARTES gilt, daß erstens die wahre Bewegung nur eine ist, und zweitens, daß alle Bewegung relativ ist. NEWTON übernimmt von DESCARTES die grundsätzliche Unterscheidung von wahr und vulgär, und daß es für jeden Körper nur eine wahre Bewegung gibt. Dagegen übernimmt er nicht den zweiten Punkt, nämlich die allgemeine Relativität von Bewegung. Statt dessen identifiziert er wahr und absolut. Nachdem NEWTON in *De Gravitatione* einige absurde Konsequenzen der cartesischen Unterscheidung festgestellt hat, schreibt er: „Aus jeder dieser beiden Konsequenzen wird außerdem deutlich, daß man unter (mehreren) Bewegungen keine vor der anderen als wahr, absolut und als eigentliche Bewegung auszeichnen kann, daß vielmehr alle, sei es in bezug auf die berührenden Körper, sei es in bezug auf die entfernteren Körper, in gleichem Maße philosophische sind" (25). Unter mehreren Bewegungen sei also im cartesischen Sinne „keine vor der anderen als wahr und als eigentliche" auszuzeichnen, – das hatte NEWTON zunächst niedergeschrieben, und dann schreibt er nachträglich zwischen wahr und eigentlich „absolut" darüber. Dieses „absolut" tritt hier zum erstenmal auf. NEWTON macht durch diesen Einschub die cartesische Unterscheidung zwischen ‚wahr‘ und ‚vulgär‘ unversehens zu seiner eigenen, er verlangt eben, daß die wahre Bewegung die absolute sei. Er tut damit natürlich DESCARTES unrecht, für den ja jede Bewegung, die wahre wie die vulgäre, relativ ist. Wir müssen also feststellen, daß NEWTONs Dichotomie im Bewegungsbegriff quer zur cartesischen steht.

Sehen wir uns nun die Argumente, die NEWTON in *De Gravitatione* gegen DESCARTES' Unterscheidung anführt, im einzelnen an. Da die Argumentation gegen DESCARTES sehr vielfältig und – wie gesagt – sehr ausführlich ist, scheint es mir für den Zusammenhang dieses Aufsatzes sinnvoll, die Argumente in drei Klassen einzuteilen und jeweils ein charakteristisches Beispiel anzuführen.

1. Die Argumente des ersten Typs gegen DESCARTES kann man als logische bezeichnen. NEWTON weist DESCARTES in seiner Begrifflichkeit Inkonsistenzen nach. Dabei weist er insbesondere darauf hin, daß die beiden genannten Charakteristika im cartesischen Bewegungsbegriff (Es gibt nur eine wahre Bewegung für jeden Körper, und alle Bewegung ist relativ) nicht miteinander konsistent sind. Das schönste Argument ist folgendes: Da wahre Bewegung und Ruhe eines Körpers sich relativ zu seiner unmittelbaren Umgebung bestimmen, ruht jeder herausgegriffene Teil im Innern eines Körpers wahrhaft, obgleich der Körper im ganzen sich in wahrer Bewegung befinden mag. Daraus folgt, daß man genaugenommen nur von der Oberfläche eines Körpers sagen kann, daß sie sich wahrhaft bewege.

2. Die Argumente des zweiten Typs gegen DESCARTES kann man als methodologische bezeichnen. Auf der Basis der cartesischen Bewegungsdefinition, so zeigt NEWTON, kann man keine exakte Wissenschaft von der Bewegung aufbauen. Da Bewegung von DESCARTES allgemein als Translation von einem Ort des Körpers zu einem anderen definiert worden sei und der wahre Ort eines Körpers durch die ihn unmittelbar umgebenden Körper bestimmt sei, sei weder die Geschwindigkeit noch die Bahn eines Körpers bestimmbar. Denn allgemein durch die Bewegung der kosmischen Wirbel und im besonderen dadurch, daß ein Körper einen Ort verläßt, bleibe ja ein Ort nie erhalten. Und das gelte entsprechend für jeden einzelnen Ort, den der Körper während seiner Bahn durchläuft. Ich zitiere die Newtonsche Konsequenz in *De Gravitatione* im ganzen: „Und endlich, damit die Absurdität dieser Position möglichst deutlich werde, sage ich, daß hieraus folgt, daß etwas Bewegtes weder eine bestimmte Geschwindigkeit hat noch eine bestimmte Bahn, in der es sich bewegt. Und was noch mehr ist: daß man weder sagen kann, die Geschwindigkeit eines Körpers, der sich unbehindert bewegt, sei gleichförmig, noch die Bahn, die durch diese Bewegung beschrieben wird, sei gerade" (29).
Ich habe diese Stelle aus *De Gravitatione* ausführlich zitiert, weil im zweiten Satz sich eine implizite Formulierung des Trägheitsgesetzes findet. Dadurch, daß er diesen zweiten Satz anfügt, erkennt man, daß NEWTON der Ansicht ist, daß das Trägheitsgesetz, in dessen Formulierung er ja bekanntlich zunächst DESCARTES folgt [16], sich genauge-

nommen im Rahmen der cartesischen Begrifflichkeit, nach der ja jede Bewegung eines Körpers auf andere Körper bezogen wird, gar nicht konsequent formulieren läßt.

3. Die Argumente des dritten Typs könnte man ebenso als physikalische wie als metaphysische bezeichnen – nennen wir sie philosophische. Es sind diejenigen Argumente, in denen NEWTON die Kriterien entwickelt, an denen, wie es nachher in seinen *Principia* heißt, die wahre Bewegung zu erkennen sei. Ich zitiere aus *Principia:* „Absolute und relative Ruhe und Bewegung unterscheiden sich aber voneinander durch ihre Eigenschaften, ihre Ursachen und ihre Wirkungen" [17]. Nach dieser Dreiheit von Kriterien, *proprietates, causae, effectus,* gliedern sich auch die Argumente, die NEWTON hier gegen DESCARTES' Unterscheidung von wahrer und vulgärer Ruhe bzw. Bewegung anführt.

*Proprietates:* Wahrhaft ruhende Körper ruhen untereinander.
*Causae:* Eine wahre Bewegung kann nur aufgrund einer Kraftwirkung zustande kommen.
*Effectus:* Es gibt „Effekte" wahrer Bewegungen.

Ein Beispiel für *proprietates* brauche ich nicht auszuführen: Es ist leicht zu sehen, daß nach DESCARTES Körper, die man, nämlich in bezug auf ihre unmittelbare Umgebung, als wahrhaft ruhend bezeichnet, keineswegs untereinander zu ruhen brauchen. Was die Ursachen der wahren Bewegung angeht, so konstruiert NEWTON in *De Gravitatione* folgenden Fall: Man stelle sich vor, daß Gott den ganzen Wirbel um unsere Sonne anhielte. Dadurch würde sich die Erde, indem sie nämlich träge ihre Bewegung durch die angehaltene Wirbelmasse fortsetzte, wahrhaft bewegen, ohne daß auf sie eine Wirkung ausgeübt worden wäre.
Die Wirkungen, oder besser gesagt, die Effekte, die wahre Bewegungen zeigen können, sind Fliehkräfte. NEWTON spricht hier mit DESCARTES von *conatus recidendi* oder auch *vires recidendi.* NEWTONs Argumentation ist hier hinreichend aus den *Principia Mathematica* bekannt: Es handelt sich um den Eimerversuch. In *De Gravitatione* finden sich Argumentationen, die dem Beispiel des Eimerversuchs schon sehr nahekommen. Es handelt sich um die Diskussion der planetarischen Fliehkräfte in den cartesischen Wirbeln. DESCARTES spricht in den *Prinzipien der Philosophie* im §III, 140 bezüglich eines Planeten von einer *vis at recidendum a centro circa quot gyrat,* einer „Kraft, von dem Mittelpunkt seines Umschwunges sich zu entfernen". Die Planeten, wie die Erde, ruhen aber nach DESCARTES in Wahrheit, nämlich in der Umgebung der sie mitführenden Wirbelmasse. Dagegen stellt

NEWTON in *De Gravitatione* fest: „Er sagt nämlich, die Erde und die anderen Planeten bewegten sich – im eigentlichen und philosophischen Sinne gesprochen – nicht, und derjenige, der wegen ihrer Translation sage, sie bewege sich relativ zu den Fixsternen, der rede vernunftlos und nur im Sinne des Landläufigen" (19). Nach NEWTONs Kriterien kann wahrhaft Ruhendes aber keine Kraftwirkungen zeigen.

Die Konsequenz, die NEWTON schließlich in *De Gravitatione* aus seiner vernichtenden Kritik der cartesischen Begriffsbestimmungen und Unterscheidungen zieht, ist folgende: „Es ist also notwendig, daß die Bestimmung der Orte wie der Ortsbewegung auf ein unbewegliches Seiendes bezogen wird, welcher Art allein die Ausdehnung bzw. der Raum ist, *insofern er als etwas wirklich von den Körpern Unterschiedenes betrachtet wird*" [18]. Damit ist die Trennung von Raum und Körper vollzogen und die cartesische Philosophie verabschiedet. Wir können aus dieser Herkunft des Begriffs des absoluten Raumes seine Grundbestimmungen ablesen: Er ist unbeweglich und körperfrei.

Soviel also zur Genese des Begriffes des absoluten Raumes [19], wie sie sich nach *De Gravitatione* nachzeichnen läßt. Der Begriff des absoluten Raumes ergibt sich als eine Forderung aus NEWTONs Versuch, die von DESCARTES stammende Unterscheidung von wahrer und bloß zugeschriebener Bewegung so zu reformulieren, daß sie widerspruchsfrei ist und zur Grundlage einer mathematischen Bewegungslehre dienen kann. Interessant ist nun, daß sich das Trägheitsgesetz, von dem wir ja oben hörten, daß es sich nach NEWTONs Auffassung im Rahmen der cartesischen allgemeinen Relativität der Bewegung nicht konsequent formulieren läßt, als Konsequenz des Postulats des absoluten Raumes ergibt. Ich zitiere wieder aus *De Gravitatione:* „Die Lagen, die Abstände und die Ortsbewegungen der Körper muß man auf Teile des Raumes beziehen... Diesem ist ferner noch hinzuzufügen, daß es im Raum keine Verzögerungs- oder Beschleunigungskraft gibt und auch sonst keine Ursache zur Veränderung von Körpern. Und folglich beschreiben Projektile Geraden mit gleichförmiger Bewegung, wenn sie nicht irgendwo auf Widerstände treffen" (49/51).

Diese Stelle ist von außerordentlicher Bedeutung, weil sie die Trägheitsvorstellung bei NEWTON in ein klares Licht rückt. Trägheit ist bei NEWTON weder wie bei den älteren Impetustheoretikern die Wirkung einer Kraft noch wie bei DESCARTES ein Erhaltungseffekt. Man könnte – modern gesprochen – eher sagen, daß Trägheit der Ausdruck einer fundamentalen Symmetrie ist. NEWTON hat später, d. h. nach der Publikation seiner *Principia*, den Zusammenhang von Trägheit und Homogenität des Raumes noch einmal unterstrichen [20], indem er ARISTOTELES' Argument gegen den leeren

Raum als einen Vorläufer seiner Trägheitsvorstellung benannte. ARISTOTELES schreibt im vierten Buch seiner Physikvorlesungen (215a, 19–22), einer Stelle, an der er die Bewegung eines Körpers im leeren Raum ventiliert: „Und man wüßte auch keinen Grund anzugeben, wo ein Bewegtes zum Stillstand kommen sollte. Weshalb eher hier als dort? Also würde es entweder ruhen oder sich mit Notwendigkeit ins Unendliche bewegen, wenn es nicht durch etwas Stärkeres gehindert würde." Die Tatsache, daß NEWTON die Trägheitsbewegung im strengen Sinne als kräftefreie Bewegung auffaßte, wird ein bißchen dadurch verschleiert, daß in seinen *Principia* der Begriff einer Trägheitskraft auftritt. Aber auch hier, nämlich im ersten Gesetz der Bewegung, wird die Trägheitsbewegung nicht der Wirkung einer Kraft zugeschrieben: „Jeder Körper beharrt in seinem Zustand, zu ruhen oder sich gleichförmig geradlinig zu bewegen, insoweit er nicht durch angebrachte Kräfte gezwungen wird, seinen Zustand zu verändern" [21]. Die Trägheitskraft, die NEWTON in Definition drei eingeführt hatte, „wirkt" erst dann, wenn man den Körper von der Trägheitsbewegung abbringen will. Sie ist der Widerstand gegen Zustandsveränderungen. So heißt es in den Erläuterungen zur Definition drei in den *Principia*: „Ein Körper übt allerdings diese Kraft nur aus bei einer Veränderung seines Zustandes, die durch eine auf ihn angewandte andere Kraft zustande kommt" [22].


# IV. Schluß

Ich komme damit zum Schluß. Dieser Beitrag sollte anhand von NEWTONs Schrift *De Gravitatione* ... zeigen, daß Newtons Mechanik, als was wir die *Principia* kennen, sich aus dem Hintergrund eines philosophischen Diskurses entwickelt hat. Er tritt damit in Gegensatz zu einer gewissen landläufigen Meinung über den Ursprung der *Principia*, nach der sie ihre Entstehung NEWTONs Berechnung der Mondbahn und der Bahn anderer Planeten aus dem Abstandsquadratgesetz, also dem Gravitationsgesetz, verdanken. Freilich, diese Auffassung ist auch richtig. Genauer besehen müssen wir für die Entstehung von Newtons Mechanik zwei Quellen nennen. Die eine ist durch die Namen GALILEI, KEPLER, HUYGENS, WALLIS, WREN, HOOKE, bezeichnet. Es ist diese Linie, auf der mathematisch faßbare Erkenntnisse mechanischer Phänomene gewonnen wurden, die dann in allgemeine Gesetze zusammengefaßt werden konnten. Dies ist der Weg des induktiven Verfahrens. Aber um überhaupt Phänomene mathematisch fassen zu können und empirisch gehaltvolle Gesetze formulieren zu können, muß man bereits bestimmte Grundbegriffe haben und über Grundgesetze verfügen. Kein wissenschaftliches Phänomen ohne zuvor mathematisierte Begriffe, keine Induktion ohne vorausgesetzes Induktionsprinzip [23]. Das weist auf die andere Quelle für die Entstehung der Newtonschen Mechanik. Sie ist aufs engste mit dem Namen DESCARTES verknüpft. Newtons Grundbegriffe und Axiome entstammen einem philosophischen Diskurs. Die Schrift *De Gravitatione* zeigt, daß er sie in argumentativer Auseinandersetzung mit DESCARTES ‚Prinzipien der Philosophie' entwickelt hat. - Und schließlich muß man als drittes, wenn es um die Quellen dieses Grundbuchs der neuzeitlichen Naturwissenschaft der *Philosophiae Naturalis Principia Mathematica* geht, Newtons Genie nennen, das diese beiden Seiten zusammengebracht hat.

# V. Anmerkungen

1. B. J. T. DOBBS, *The Fondations of Newton's Alchemy, or ,,The Hunting of the Greene Lyon"*, Cambridge University Press, 1975.

2. M. WEBER, *Gesammelte Aufsätze zur Wissenschaftslehre*, 3. Auflage, Tübingen: Mohr 1968, S. 592.

3. K. POPPER, *Die Logik der Sozialwissenschaften*, in: TH. W. ADORNO et al, *Der Positivismusstreit in der deutschen Soziologie*, Neuwied, Berlin: Luchterhand, 3. Aufl. 1971, S. 103.

4. Siehe aber meine Beiträge zum Jubiläum der *Principia:* ,,Klassische Wissenschaft" (*Frankfurter Allgemeine Zeitung* vom 4. Juli 1987) und ,,NEWTON und KANT. Über die Wahrheit in den Naturwissenschaften" (*Neue Zürcher Zeitung*, 24./25. Okt. 1987), ferner die Rekonstruktion der Kantischen Metaphysischen Anfangsgründe der Naturwissenschaft in meinem Buch ,,*Philosophieren mit Kant. Zur Rekonstruktion der Kantischen Erkenntnis- und Wissenschaftstheorie.*", Frankfurt: Suhrkamp 1986.

5. A. R. HALL and MARIE BOAS HALL, *Unpublished Scientific Papers of Isaac Newton*, Cambridge University Press 1962.

6. B. T. WHITESIDE, Before the *Principia*: the Maturing of Newtons Thoughts on Dynamical Astronomy 1, 1644–1684, in: *J. for the History of Astronomy*, 1 (1970), 5–19.

7. B. J. T. DOBBS, *Newton's Rejection of a Mechanical Aether for Gravitation*, in: A. DONOVAN, L. LAUDAN, R. LAUDAN (eds.) *Scrutinizing Science: Empirical Studies of Scientific Change*, Dordrecht/ Boston: Reidel, 1988.

8. Ein Beispiel dafür ist die Subsumption der Fliehkraft unter dem Begriff ‚Gravitation', s. u.

9. A Catalogue of the Portsmouth Collection of Books and Papers written by or belonging to SIR ISAAC NEWTON, Cambridge University Press 1888, S. 48.

10. Ich zitiere nach meiner Übersetzung von *De Gravitatione* in: „*I. Newton. Über die Gravitation*...“ Frankfurt: Klostermann, 1988. Die Ausgabe enthält den lateinischen Text in Faksimile – Wiedergabe und als Anhang eine Übersetzung des Anfangs von NEWTONs *Principia* bis zu den drei Grundgesetzen einschließlich.

11. „damit wahrere Grundlagen für die mechanischen Wissenschaften gelegt werden“, *Über die Gravitation*... a. a. O., 35.

12. J. E. McGUIRE and MARTIN TAMMY, *Certain Philosophical Questions. Newton's Trinity Notebook*, Cambridge University Press 1983.

13. *verum et apparens* nach der Terminologie der *Principia*

14. Übersetzung Buchenau

15. Meine Übersetzung im Anhang von „*Über die Gravitation*...“, a. a. O., S. 113.

16. J. HERIVEL, *The Background to Newton's Principia*, Oxford: Clarendon Press, 1965.

17. Meine Übersetzung im Anhang von „*Über die Gravitation*...“, a. a. O., S. 111.

18. „*Über die Gravitation*...“, a. a. O., S. 33/35, Hervorhebung von mir.

19. Soweit sich dazu aus *De Gravitatione*... etwas besonderes ergibt. Siehe ferner: M. FIERZ, „*Über den Ursprung und die Bedeutung der Lehre Isaac Newtons vom absoluten Raum*“, in: *Gesnerus* 11(1954), S. 62–120, und M. JAMMER, „*Das Problem des Raumes*“, Darmstadt: WB 1960, IV. Kap. „Der Begriff des absoluten Raumes.“ Diese Arbeiten sind durch die Publikation von *De Gravitatione*... in gewisser Weise überholt, stellen aber sehr schön den Einfluß H. MORES bzw. den durch H. MORE vermittelten Einfluß der italienischen Renaissancephilosophen auf NEWTON dar. Dabei handelt es sich vor allem um die Beziehung des Raumes zum Gottesbegriff, die auch in *De Gravitatione*... eine Rolle spielt: Der Raum wird ontologisch als eine Emanation Gottes bestimmt (37).

20. Im Manuskript Add 3970, publiziert in Hall a. Hall, a. a. O., S. 309–311.

21. Meine Übersetzung im Anhang von „*Über die Gravitation*...“, a. a. O., S. 115.

22. Meine Übersetzung im Anhang von „*Über die Gravitation*...“, a. a. O., S. 105.

23. Über die Auffassung beispielsweise des 2. Gesetzes als Induktionsprinzip siehe meinen Aufsatz „*Die kognitive Ausdifferenzierung der Naturwissenschaft – Newtons mathematische Naturphilosophie*“ in: G. BÖHME, W. V. D. DAELE, W. KROHN, *Experimentelle Philosophie*, Frankfurt Suhrkamp, 1977.

# Die Grundlegung der Mechanik
in Huygens' Horologium Oscillatorium
und in Newtons Principia [1]

*David Speiser, Louvain-la-Neuve*

Während über die ungeheure Bedeutung von NEWTONS *Principia* [2] und über das, was sein Autor erreicht hat, Einigkeit herrscht, gehen die Ansichten weit auseinander, sobald man die Fragen stellt: Was genau ist eigentlich der Fortschritt, den NEWTON über seine Vorgänger hinaus erreicht hat, und was stellt jeweils seine Bedeutung im einzelnen dar? Ferner: Welches sind die wichtigsten der vielen Leistungen, die wir in diesem Buch finden, und welches sind die schwierigsten Probleme, die er gelöst hat?

Daß die Meinungen hier auseinander gehen, überrascht nicht, wenn man die kleine Zahl von Lesern bedenkt, die das Buch wirklich studiert haben, und die noch kleinere derer, die auch wirklich alles verstanden haben, was sie lesen. Ich jedenfalls, wie der Kämmerer aus dem Mohrenland, darf mich zu diesen Letzteren nicht zählen. Tatsächlich haben sich die Erklärer und Biographen NEWTONs meist an die Einleitung und dann an das dritte Buch des Werkes, das NEWTON „*Das System des Universums*" nannte, gehalten. In diesem letzten Buch des Werkes findet man die Anwendung seiner Resultate auf das Planetensystem, also die Himmelsmechanik, wie wir heute sagen. Wir wissen aber, daß NEWTON in einem gewissen Sinne diesem Teil weniger Wert als den beiden ersten beimaß. Das Buch füllt übrigens nur ein Fünftel des ganzen Werks, und es hebt sich deutlich von den beiden ersten Teilen ab. Wir wissen auch, daß zur Bestürzung des unglücklichen HALLEY, der es unternommen hatte, die *Principia* auf eigenes Risiko zu veröffentlichen, NEWTON diesen letzten Teil einmal sogar zurückziehen wollte!

Dieses dritte Buch enthält ersichtlich die spektakulärsten Teile des Werkes, aber nicht unbedingt immer die originellsten, und sicher nicht die schwierigsten. Diese finden wir wohl im elften Kapitel [3] des ersten der zwei Bücher über die Bewegung „*De Motu*" und im siebten und achten des zweiten [4].

Es handelt sich dabei einerseits um seine Untersuchungen über das Dreikörperproblem und dessen Anwendung u. a. auf die Präzession der Erdachse, andererseits um seine Untersuchungen zur Hydrodynamik und zur Akustik. Seine Studie zur Hydrodynamik führte ihn nicht sehr weit; D'ALEMBERTs Würdigung ist bekannt, aber nach TRUESDELL haben diese Untersuchungen für die genannten zwei Disziplinen das Forschungsprogramm formuliert, das 50 Jahre lang gültig blieb.

# CHRISTIANI
# HVGENII

## ZVLICHEMII, CONST· F·

# HOROLOGIVM
## OSCILLATORIVM

### SIVE

## DE MOTV PENDVLORVM

### AD HOROLOGIA APTATO

### DEMONSTRATIONES

#### GEOMETRICÆ.

**PARISIIS,**
Apud F. Muguet, Regis & Illuftriſſimi Archiepiſcopi Typographum,
viâ Citharæ, ad inſigne trium Regum.

MDCLXXIII.
*CVM PRIVILEGIO REGIS.*

**Bild 1. Titelseite des Horologium**

Aber dennoch werde ich es in diesem Vortrag wie die meisten halten und mich vor allem mit der Einleitung beschäftigen. Ich möchte nämlich die Grundlagen, die NEWTON der Mechanik gibt, mit denen vergleichen, die wir in dem damals modernsten Werk, nämlich dem *Horologium Oscillatorium* von CHRISTIAAN HUYGENS finden. Dieses Buch war am Hofe Ludwigs XIV in Versailles verfaßt und in Paris im Jahre 1673 [5], also bloß 14 Jahre vor den *Principia*, gedruckt worden.

Den Einfluß eines Gelehrten auf einen anderen zu bestimmen, stellt dem Historiker immer ein schwieriges Problem, und die Antwort ist meist viel weniger sicher als man meint. So z. B. glauben wir heute zu wissen, daß Newton zur Zeit der Abfassung der *Principia* GALILEIs *Discorsi* [6] das heißt, das Werk, in dem dieser seine großen Entdeckungen auf dem Gebiet der Mechanik niederschrieb, höchst wahrscheinlich nicht kannte. Und wir wissen, daß er von KEPLER nur die *Rudolphinischen Tafeln* gekannt hat [7]. Er hat also die Gesetze, die dieser bei den wichtigen Vorgängern entdeckt hatte, und die für sein Werk fundamental wurden, nur durch die Bücher Dritter kennengelernt. Ich selbst bin nicht Newtonspezialist und kann es mir nicht erlauben, auf solche Fragen einzugehen [8], jedoch zitiert NEW-TON tatsächlich HUYGENS und dessen *Magnum Opus*, und es liegt auf der Hand, daß dieses Buch die Redaktion der *Principia* grundlegend beeinflußt hat. Nichts erlaubt also besser exakt das, was die Neuheit der *Principia* ausmacht, festzunageln, als ein Vergleich mit diesem anderen Meisterwerk, dem *Horologium Oscillatorium* von HUYGENS.

Der Staatsmann CONSTANTIN HUYGENS hatte seinem Sohn CHRISTIAAN den großen DESCARTES selbst als Privatlehrer gegeben, und dieser hat ihn dann auch maßgeblich beeinflußt. HUYGENS war also von Grund auf Carte-sianer, sozusagen von Haus aus. Die Cartesianer haben, so wie ihr Meister bei den Physikern im allgemeinen eine schlechte Presse, was DESCARTES betrifft, sicher zu Unrecht. Über die übrigen Cartesianer möchte ich mich nicht äußern. Aber es ist jedenfalls besser zu sagen: Es gab DESCARTES, es gab die Cartesianer und es gab HUYGENS. Denn auch dieser gehört in der Geschichte der Mechanik seit jeher zu den Unterschätzten. Tatsächlich ist er für die Mechanik so wichtig wie GALILEI.

# I

Was ist nun das Ziel von HUYGENS Buch, und was enthält es? Ziel des Bu-ches ist, wie der Titel dies anzeigt, die Konstruktion einer Präzisionsuhr, und zwar unter Ausnutzung der Gesetze der Mechanik. Was heißt dies genau? Die Funktion einer Uhr besteht darin, den Ablauf der Zeit in gleiche Teile zu zerlegen. *Aber:* Was bedeutet *hier* gleich? Wie können wir diese Gleichheit

I

# CHRISTIANI HVGENII
## ZVLICHEMII, CONST. F.
# HOROLOGIVM
## OSCILLATORIVM,
### SIVE
## DE MOTV PENDVLORVM
### AD HOROLOGIA APTATO
### Demonſtrationes Geometricæ.

NNVS agitur ſextus decimus ex quo fabricam horologiorum, tunc recens à nobis inventorum, edito libello publicam fecimus. Ab illo verò tempore cùm multa invenerimus ad perfectionem operis ſpectantia, viſum eſt ea ſingula hoc libro exponere. Quæ quidem adeo ad perfectionem ejus inventi pertinent, ut potiſſima ejus pars cenſeri poſſint, ac velut fundamentum totius mechanicæ hujus, quo prius deſtituta erat. Menſura enim temporis certa atque æqualis pendulo ſimplici naturâ non inerat, cum latiores excurſus anguſtioribus tardiores obſerventur; ſed geometria duce diverſam ab ea, ignotamque antea penduli ſuſpenſionem reperimus, animadverſâ lineæ cujuſdam curvaturâ, quæ ad optatam æqualitatem illi conciliandam mirabili planè ratione comparata eſt. Quam poſtquam

A

**Bild 2. Erste Textseite des Horologium**

nachprüfen, da wir ja nie zwei Zeitabschnitte direkt vergleichen können? Wir brauchen dafür einen Mechanismus (oder auch einen Chemismus), der einen Zeitabschnitt auf eine Strecke oder einen Winkel abbildet. Geschieht diese Abbildung durch einen Mechanismus, so wird deren Gültigkeit, d. h. die Exaktheit der Uhr, nur durch die universelle Gültigkeit der Gesetze der Mechanik gewährleistet. HUYGENS wählt als Mechanismus das *Pendel*, welches durch die Schwere und durch das, was NEWTON später die Trägheit nennt, reguliert wird. Die Periode des Pendels ist also die Zeiteinheit. Aber jedes Pendel verliert durch die Reibung Energie. Es wird also weniger hoch zurücksteigen, seine Elongation wird sich verkleinern und die Periode damit sich ändern. Nur, wenn die Pendelmasse sich auf einer solchen Kurve bewegt, daß die Periode unabhängig von der Elongation wird, verschwindet diese Schwierigkeit.

Gibt es eine solche isochrone Kurve? GALILEI, der Schüler PLATOs, für den der Kreis *die* ausgezeichnete Kurve überhaupt war, hatte der Kreisbahn auch diese Eigenschaft zugeschrieben. GALILEIs Behauptung müßte u. a. all denen zu denken geben, die immer wieder behaupten, daß dieser zu all seinen Resultaten ausschließlich durch Beobachtung und durch Experimente gelangt war. Denn das Experiment widerspricht ihm hier entschieden. HUYGENS, der die *Discorsi*, GALILEIs letztes Buch, kennt, unternimmt es nun, ihn hier zu korrigieren, d. h. die wahre Isochrone zu finden, und mit ihr eine Präzisionsuhr zu konstruieren. Die Resultate seiner Forschung sind in den fünf Kapiteln des *Horologium* niedergelegt.

- Das erste Kapitel „enthält die Beschreibung der Pendeluhr".
- Das zweite Kapitel (das uns im folgenden beschäftigen wird) „handelt vom Fall der schweren Körper und von ihrer Bewegung auf einer Zykloide".
- Das dritte Kapitel „handelt vom Evolvieren (Abwickeln) und von der Länge der Kurven".
- Das vierte Kapitel „vom Oszillations- oder Agitationszentrum".
- Das fünfte Kapitel endlich zeigt „die Konstruktion einer zweiten Uhr, bei der das Pendel sich kreisförmig bewegt", und ein Anhang enthält die berühmten „Theoreme über die Zentrifugalkraft".

Das Buch zeigt uns also seinen Autor gleichzeitig als Mathematiker, Physiker, Ingenieur und Handwerker!

Ich möchte noch erwähnen, daß das vierte Kapitel, über das ich andernorts gesprochen habe, in den *Principia* nicht weitergeführt wird. Die Dynamik der starren Körper wird direkt von JACOB BERNOULLI und später von DANIEL BERNOULLI und von D'ALEMBERT weitergeführt und dann von EULER vollendet.

Bild 3. Die Zycloide: Die Kurve, die der neidische Hund anbellt, stellt eine Zycloide dar, zusammen mit dem rollenden Kreis. Sie war das Emblem eines Nachfolgers von Huygens, Johann Bernoulli, der auch mit Newton über die Principia korrespondierte.

## Dividitur liber hic in partes quinque, quarum

**Prima** *Deſcriptionem* HOROLOGII OSCILLATORII continet.

**Secunda** agit de *Deſcenſu gravium* , & *motu eorum in Cycloide.*

**Tertia** de *Evolutione & Dimenſione linearum curvarum.*

**Quarta** de *Centro Oſcillationis ſeu Agitationis.*

**Quinta** *alterius Horologii conſtructionem* , in quo circularis eſt penduli motus, exhibet, & Theoremata de *Vi Centrifuga.*

Bild 4. Die fünf Kapitel des Horologium

## II

Im zweiten Kapitel seines Buches *beweist* HUYGENS streng, daß die Zykloide eine Isochrone ist. Die Zykloide ist die Kurve, die ein Punkt auf einem Kreis beschreibt, wenn dieser auf einer Geraden abrollt. Um die Isochrone zu erhalten, genügt es, die Zykloide an der Geraden zu spiegeln, d. h. sie umzukehren, so daß sie konkav gegen oben zu ist und der Körper in einem ihrer Bögen hin und her oszilliert.

Was aber heißt nun in diesem Zusammenhang „streng beweisen? " Wohlverstanden: Ich spreche hier vom theoretischen, d. h. mathematischen Beweis, und nicht von der Bestätigung durch das Experiment. Machen wir uns klar, daß die Theoreme von HUYGENS ein System betreffen, das sich im Schwerefeld der Erde bewegt. Es handelt sich also um ein Problem, in das nicht nur der Raum, sondern auch die Zeit und die Schwerkraft eingehen. Ein rein geometrischer Beweis, der z. B. nur von den Euklidischen Axiomen ausginge, wäre also von vornherein ungenügend. Aber wie vor ihm GALILEI und nach ihm NEWTON insistiert auch HUYGENS auf einem Beweis „*more mathematico*" ausgehend von Axiomen. Die vier Axiome, die Galileo in den *Discorsi* formuliert hatte, haben einen rein kinematischen Charakter, denn dort ist nur von Längen, Zeitdauern und Geschwindigkeiten die Rede. Dagegen beziehen sich, wie wir sehen werden, HUYGENS' Axiome in der Tat auf das, was wir *heute* eine Kraft nennen, also auf einen dynamischen Begriff.

Das ist das radikal Neue, was dieses Buch bringt; es ist eines der großen Schritte, die HUYGENS getan hat. Das große Gebäude der Dynamik, das heißt der Wissenschaft von den Kräften, insofern diese die Bewegungen bestimmen, beginnt nicht in diesem Buch. Seine Fundamente sind älter, und es ist hier nur in einem begrenzten Bereich begründet. Wohl aber ist diese Begründung hier zum ersten Mal völlig adaequat und dazu völlig durchsichtig. Mit anderen Worten, die Wissenschaft lernt nun, über Fragen der Dynamik so streng zu denken und diese so streng zu formulieren, wie ARCHIMEDES dies für die Fragen der Statik getan hatte. Was sind diese Axiome oder „Hypothesen", wie HUYGENS sie nennt, auf denen er seine Theorie aufbaut? Ich möchte sie in meiner eigenen Übersetzung hier anführen, wobei ich zur Erleichterung des Verständnisses mir erlaubt habe, hier und da ein Wort hinzuzufügen.

1.  „Wenn keine Schwerkraft vorhanden wäre, und diese sich den Körpern nicht widersetzte, dann würde jeder von ihnen die Bewegung, die er vorher einmal erhalten hatte, mit konstanter Geschwindigkeit längs einer Geraden fortsetzen".

2.  „Jetzt aber geschieht es durch die Wirkung der Schwerkraft, wo immer diese herkomme, daß [die Körper] sich mit einer zusammengesetzten

21

# HOROLOGII OSCILLATORII

## *PARS SECVNDA.*

*De defcenfu Gravium & motu eorum in Cycloide.*

## HYPOTHESES.

### I.

**S**I *gravitas non effet, neque aër motui corporum officeret, unum quodque eorum, acceptum femel motum continuaturum velocitate æquabili, fecundum lineam rectam.*

### II.

*Nunc vero fieri gravitatis actione, undecunque illa oriatur, ut moveantur motu compofito, ex æquabili quem habent in hanc vel illam partem, & ex motu deorfum à gravitate profecto.*

### III.

*Et horum utrumque feorfim confiderari poffe, neque alterum ab altero impediri.*

Ponatur grave c è quiete dimiffum, certo tempore, quod di_
catur F, vi gravitatis tranfire fpatium c B. Ac rurfus intelligatur
idem grave accepiffe alicunde motum quo, fi nulla effet gravitas,
tranfiret pari tempore F motu æquabili lineam rectam c D. Acce-
dente ergo vi gravitatis non perveniet grave ex c in D, dicto tempore F, fed ad punctum aliquod E, recta fub D fitum, ita ut fpatium D E femper æquetur fpatio c B, ita enim, & motus æquabilis,
& is qui à gravitate oritur fuas partes peragent, altero alterum
non impediente. Quamnam vero lineam, compofito illo motu,
grave percurrat, cum motus æquabilis non recta furfum aut deorfum fed in obliquum tendit, è fequentibus definiri poterit. Cum
vero deorfum in perpendiculari contingit motus æquabilis c D,

C iij

Bild 5. Faksimile des Textes der drei Hypothesen

Bewegung fortbewegen, einer uniformen [Bewegung einerseits] in dieser oder jenen Richtung, und [andererseits] einer Bewegung abwärts, welche durch die Schwerkraft verursacht ist".

3. „Und von diesen zwei Bewegungen kann jede für sich studiert werden, und keine wird durch die andere behindert".

Von diesen drei Hypothesen ausgehend leitet HUYGENS nun zunächst in den Propositionen I bis IX die Gesetze des Fall eines Körpers, mehr oder weniger GALILEI folgend, her und zeigt dann in den Propositionen XII bis XXVI, den Irrtum GALILEIs korrigierend, daß die umgekehrte Zykloide die wahre Isochrone ist.

Gestatten wir uns zunächst zu diesen drei Axiomen oder Hypothesen, wie HUYGENS sie nennt, einige Bemerkungen:

- Die Hypothesen betreffen, was wir heute Kräfte nennen. In der Tat ist darin von der Schwerkraft, vom Luftwiderstand und vom Verhältnis der beiden zueinander die Rede: Man kann sie getrennt studieren, da ihre Effekte sich superponieren.

- Die erste Hypothese formuliert, was wir heute die Erhaltung des Impulses nennen. Wir wissen, daß dieser Satz auf die Spätantike zurückgeht, er findet sich bei JOHANNES PHILOPONUS; DESCARTES, der auf HUYGENS und NEWTON großen Einfluß ausübte, hatte seine Mechanik auf ihn aufgebaut. Viele sind der Ansicht, daß DESCARTES dabei lediglich den Absolutwert des Impulses im Sinne hatte und nicht auch die Richtung. A. KORYÉ jedoch, der Autor der „*Etudes Galiléennes*" [10] sagte, daß DESCARTES den Vektorcharakter des Impulses wohl erfaßt habe. Wie dem auch sei, HUYGENS hat den Satz klar formuliert, mehr noch, er hat ihn u. a. benutzt, um zwei zentrale Resultate herzuleiten. Er leitet daraus die Stoßeffekte, die er als erster durchsichtig formuliert hat, her. Die Stoßgesetze haben aber in der Cartesischen Mechanik eine zentrale Stellung. Ferner leitet er aus diesem Satz die richtige Form der Zentrifugalkraft ab.

- Die zweite Hypothese charakterisiert die beiden Komponenten des freien Falls, die freie Bewegung und den Fall gegen unten. Hier folgt HUYGENS GALILEI. Ebenso folgt auch die dritte Hypothese GALILEI; aber indem HUYGENS ausdrücklich unterstreicht, daß sich die beiden Bewegungen nicht stören, stellt er stärker als jener es getan hatte, den dynamischen Aspekt des Problems in den Vordergrund.

Wir dürfen zusammenfassend sagen, daß HUYGENS die Grundlage der Dynamik des Massenpunktes, wie wir heute sagen, adäquater, systematischer und logisch strenger formuliert, und daß die überlegene Stärke seiner Mathematik ihn wesentlich weiterführt als GALILEI.

# III

Vom *Horologium Oscillatorium* herkommend, sich den *Principia* zuzuwenden, ist ein bißchen, wie wenn man sich von MANSARTs *Dôme des Invalides* und dessen klassischer Architektur – klassisch im Sinne der Franzosen, d. h. klar durchsichtig und, wenn wir von NAPOLEON und seinem Grab absehen, uns durch seine Eleganz bezaubernd – zu den großen Gebäudekomplexen in Cambridge zuwendet. An das Trinity College zu denken, liegt auf der Hand. Aber selbst, wenn man "for good measure" auch das Kings College hinzufügt, so wird dieser Vergleich in mindestens einer Hinsicht, allerdings in einer der bedeutungsvollsten, auf die ich noch zurückkomme, NEWTON nicht gerecht.

Das beste wäre vielleicht, an das Schloß *Blenheim* zu denken, obwohl dies nicht bei Cambridge, sondern bei Oxford liegt, jenem Schloß, in dem ein anderer großer Engländer geboren wurde, der dann *Blenheim Castle* wundervoll beschrieben hat. Dieses gigantische Schloß mit seinen quadratischen bollwerkartigen Ecktürmen ist nach einem exakten Plan errichtet worden, besitzt eine Unzahl von Räumen, in denen man sich bezaubern lassen, in denen man sich aber auch verirren und verlieren kann. Seine Fenster öffnen sich in einen riesigen ebenfalls sorgfältig geplanten Park, auch wenn der Plan dem Beschauer versteckt bleiben soll, und der Blick sich in scheinbar unendliche Perspektiven verliert. Man errät auch, daß unter dem Schloß sich eine Unzahl von soliden Kellern hinzieht, in denen man sich wenn möglich noch besser verirren und verlieren kann. Denn wie *Blenheim Castle* sind auch die *Principia* eine typische Schöpfung des Barockzeitalters, wie dies seine Reichtümer, seine Vielfältigkeit, seine Füllen und Überfüllen, das heißt, u. a. seine Corollare, Scholien, Digressionen u. a. bezeugen. Auch das Ideal dieses Werkes ist die Fülle.

Was Umfang und Zahl der behandelten Materialien betrifft, so sind die *Principia* ein größeres Werk als das *Horologium*. Sein Autor übertrifft auch seinen Vorgänger an mathematischer Kraft, an philosophischer Penetration, und vor allem in der Breite, in der er die Mechanik ins Auge faßt. Er kommt ihm, sowohl an Imagination als auch an Strenge der Beweise gleich, aber er erreicht nicht dessen Klarheit und Durchsichtigkeit. Ein Grund mehr, um HUYGENS viel zugänglicheres Buch als Führer zu den *Principia* zu benutzen.

In der Tat sind die *Principia* eines der schwierigsten Bücher, die es gibt. Um die Wahrheit zu gestehen, sind sie nicht von vielen Wissenschaftlern, Philosphen oder Historikern studiert, und von noch wenigeren verstanden worden. Zwei Bücher insbesondere bezeugen das, eines von Newtons Mitarbeiter PEMBERTON, das andere vom Schotten COLIN MACLAURIN [11]. Beide erklären dem Neuling Newtons Lehre, aber beide völlig ohne bzw. mit einem Minimum an Formeln! Nur ein sehr kühner Mann wird behaupten, daß er die *Principia* bis in alle Nebensätze hinein gelesen und verstanden hat, so daß er sich bis in alle Einzelheiten ein Urteil über das, was sein Autor erreichen wollte, und das, was er erreicht hat, erlauben könnte. Sie mögen sich fragen, wieviel Leute sie kennen, die diese Bedingungen erfüllen: Ich werde meine Liste hier nicht aufführen, aber ich bitte Sie, mich nicht auf Ihre zu setzen!

Ich erlaube mir deshalb, zunächst einige Worte über dieses Buch als Ganzes zu sagen, bevor ich mich wieder dem eigentlichen Thema zuwende: Wie vergleicht sich die Grundlage, die NEWTON der Mechanik gibt, mit der, von der HUYGENS ausgegangen war? Mit anderen Worten, wie vergleichen sich die drei Axiome NEWTONs mit den drei Hypothesen von HUYGENS?

# IV

Die *Principia* bestehen aus vier Teilen [12]. Am Anfang finden wir eine sehr kurze Einleitung, welche sechs berühmte Definitionen und drei noch berühmtere „Axiome oder Bewegungsgesetze" enthält. Jede der beiden Gruppen ist von einem Scholion, d. h. einer allgemeinen Erklärung ergänzt. Dann folgen die beiden *Libri de Motu*, von denen das erste fast die Hälfte und das zweite drei Zehntel des Buches füllt. Schließlich das schon erwähnte Dritte: *De Systemate Mundi*. Die folgende kleine Zusammenstellung soll einen Eindruck vom äußeren Gewicht der Teile geben [13]:

    Definitionen und Axiome   pp. 1–25
    Liber primus de Motu   pp. 26–35
    Liber secundus de Motu   pp. 236–400
    De Systemate Mundi   pp. 401–510

Die Popularität der *Principia* beruht fast ausschließlich auf der Einleitung und dem letzten Teil. NEWTON selbst benützt das Wort „*popularis*"; er sagt: „Ich habe das dritte Buch auf populäre Weise verfaßt, damit es von vielen Leuten gelesen werde" [14]. Und einige Zeilen weiter fügt er hinzu: „Der Leser dieses letzten Teils muß nicht alles, was vorausgeht, durchlesen; es genügt, daß er die Definitionen und die Bewegungsgesetze sowie die drei ersten Kapitel gelesen hat". NEWTON wußte, daß dies nicht stimmt, denn einige Erklärungen im dritten Buch benützen gerade die Theoreme und zahlreichen Corollare des schwierigsten aller Kapitel, nämlich des elften. Bedenken wir noch NEWTONs zeitweilige Absicht, das dritte Buch gar nicht zu veröffentlichen, so verschwindet der Zweifel, daß NEWTON die beiden *Libri de Motu* für seine Hauptleistung gehalten hat. Um zu verstehen warum, müssen wir die drei Bücher vergleichen.

Beginnen wir mit dem dritten, der Himmelsmechanik. Alles ist dort erklärt, wie wir sagen würden, welche Bedeutung man auch immer diesem Wort beilegt, ausgehend von

1. den Resultaten, die in den beiden ersten Büchern hergeleitet wurden,
2. der Hypothese, gemäß der alle Körper sich mit einer Kraft anziehen, die umgekehrt proportional zum Quadrat ihrer Entfernung ist, und
3. einiger beobachteter Fakten.

Solche Fakten sind beispielsweise die Zahl der Planeten, ihre Abstände von der Sonne usw. NEWTONs Ziel ist also die beobachtete Wirklichkeit, soweit möglich, durch mathematische Formeln wiederzugeben.

Auf diese Weise versucht er nun, die folgenden Phänomene in dieser Ordnung zu beschreiben:

> — *das Planeten-System*
> — *die Mond-Systeme*
> — *die Gezeiten*
> — *die Kometen.*

Sie alle werden der Reihe nach studiert, und die Phänomene werden von seinen Hypothesen aus erklärt, wozu er wie gesagt die Theoreme der zwei ersten Bücher, darunter auch die schwierigsten, benützt.

Der Charakter der ersten zwei Bücher ist ein völlig anderer. Hier sind HUYGENS und durch diesen EUCLID seine Lehrmeister. Propositionen und Theoreme folgen sich in einer Reihe, die kaum je durch eine Anwendung, geschweige denn durch die Erwähnung eines Experimentes unterbrochen wird. Das gilt vor allem für das erste Buch, das völlig dem, was wir heute „Punktmechanik" nennen, gewidmet ist, auch wenn diese Punkte die Schwerpunkte irgend welcher Körper sind.

Die seltenen Ausnahmen, die wir finden, sind folgende:

1. In den Corollaren im zweiten Kapitel untersucht er Kreisbahnen gemäß verschiedenen Gesetzen um ein Kraftzentrum [15]. Das 6. Corollar behandelt den Fall von KEPLERs Gesetzen. Im folgenden Scholion erwähnt er zunächst WREN, HOOKE und HALLEY und sagt dann en passant, daß das sechste Corollar auch auf die Himmelskörper Anwendung findet. Aber gleich danach wird der Leser wiederum auf das, was nun folgt, verwiesen.
2. Im selben Scholion bemerkt er, daß HUYGENS die Zentrifugalkraft und Schwerkraft einander gegenüber gestellt hat („contulit").
3. Im Scholion, am Ende desselben Kapitels, erwähnt er ganz knapp ein Theorem von GALILEI: es handelt sich um dessen Fallgesetz.

4. Im letzten Kapitel des ersten Buchs finden wir eine andere Anspielung auf gewisse Beobachtungen. NEWTON behandelt den Durchgang von kleinen Körpern durch dünne Platten [16]. Der heutige Leser errät sofort, daß NEWTON das Terrain für seine Korpuskularoptik vorbereiten will. Aber zuerst beweist NEWTON ihm drei Theoreme, um erst dann im Vorbeigehen kurz, wiederum im Scholion, die Optik von SNELL, DESCARTES und GRIMALDI zu erwähnen. Und in der Folge spielt er noch zweimal auf die Optik an.

Dagegen erwähnt er in den Kapiteln, in denen er seine weittragenden Methoden zur Lösung von Problemen der praktischen Astronomie erklärt, diese Anwendungen nie! Diejenigen also unter den heutigen Pädagogen, welche die Physik dadurch attraktiv gestalten wollen, in dem sie eine Unzahl von Beispielen aufzählen, und die die Anwendungen der Physik rühmen, bloß um ihre Ware besser an den Mann zu bringen, haben NEWTON nicht auf ihrer Seite; in den *Principia* jedenfalls finden sie keine Unterstützung.

Und das ist nicht einmal alles!

Der Leser, der sich im Schweiße seines Angesichtes durch das erste Drittel des Werkes, d. h. durch die ersten 10 Kapitel des ersten Buches durchgekämpft hat, liest am Beginn des 11. „bis jetzt habe ich die Bewegung des Körpers, die von einem ruhenden Zentrum angezogen werden, dargestellt, obwohl ein solches Zentrum kaum in der Natur existiert. Denn die Anziehungen erfolgen zu Körpern, und die Wirkungen der anziehenden und der angezogenen Körper sind immer gegenseitig" [17]. Oder: Am Ende des ersten Kapitels des zweiten Buches (wir sind jetzt genau in der Mitte des Werkes!) finden wir: „Im übrigen ist die Hypothese gemäß der der Widerstand, den die Körper [in einer Flüssigkeit] erfahren, proportional zu ihrer Geschwindigkeit ist, eher mathematisch als physikalisch (‚naturalis‘)" [18].

Es ist klar, daß NEWTON den Ablauf seiner mathematischen Ableitungen nicht durch irgendwelche Anwendungen, die die Aufmerksamkeit des Lesers von seiner Hauptidee abgelenkt hätten, unterbrechen wollte. Und das gilt sogar dort, wo seine Beweise, scheint es, nicht völlig streng sind.

Infolgedessen bietet das erste Buch oft einen dürren und trockenen Anblick. Aber NEWTON hatte seine guten Gründe, es in diesem Stil zu redigieren, und damit kommen wir, denke ich, zu einem Hauptanliegen NEWTONs: Die theoretische Mechanik erhält auf diese Weise eine autonome Struktur. Es sind die internen Kohärenzen und die imponierende Strenge ihrer Architektur, die den Erfolg der neuen Wissenschaft garantieren!

Denn: Unterschätzen wir das Unternehmen nicht. Die *Principia* verbinden mit einem riesigen Bogen zwei Gebiete, die noch kurz vorher durch einen absoluten Abgrund getrennt gewesen waren: Das Supralunare und das Sublunare. Schon die Antike hatte den Sternenhimmel jenseits des Mondes als Gesetzen unterworfen betrachtet, aber diese Gesetze waren rein geometrische, kinematische, wenn man will. Erst KEPLERs Gesetze, und mit diesen seine Idee einer Kraft, die von der Sonne ausgeht, suggerierten eine Himmelsmechanik. Aber eine solche Himmelsmechanik findet sich bei KEPLER noch nicht. Eine Mechanik existierte nur für irdische Phänomene; GALILEI hatte zweien ihrer Teilgebiete, der Elastizitätstheorie und der Ballistik, sein letztes Buch gewidmet [19]. HUYGENS hatte ihr die Theorie des Pendels hinzugefügt, und auch andere Autoren hatten zur neuen Mechanik beigetragen. Aber dies galt alles nur für Objekte diesseits des Monds. Erst NEWTON hat durch sein universelles Attraktionsgesetz, welches er, wie wir hier sehen werden, in die kohärente Struktur der von ihm konzipierten Himmelsmechanik einfügte, die Brücke geschaffen, welche die beiden Gebiete über den Abgrund hinweg verbindet.

Diese Brücke hatte jedoch, mindestens in den Augen der Zeitgenossen, einen schweren Mangel. NEWTON vermochte keinen Mechanismus, der die Schwerkraft übertrug, anzugeben: Sie wirkt gemäß seiner Theorie *direkt* in die Ferne. Und dies schockierte seine Zeitgenossen. NEWTON selbst war sich klar darüber, daß seine Theorie nicht das letzte Wort sein konnte, aber er wollte „keine Hypothesen erfinden". So stieß seine Theorie auf harten Widerstand, vor allem von Seiten der Cartesianer. Aber selbst EULER, den TRUESDELL den engagiertesten Vorkämpfer der Newtonschen Mechanik genannt hat, ließ nicht ab, auf diesen Mangel hinzuweisen.

Auf der anderen Seite waren am Anfang die experimentelle Bestätigungen selten. Der Nachweis der Abplattung der Erde durch MAUPERTUIS, LA CONDAMINE u. a. im Jahre 1736 und die eingehenden Untersuchungen der Gezeiten, vor allem durch DANIEL BERNOULLI 1740 bewirkten schließlich, daß die Waage sich zugunsten NEWTONs senkte. Diese Daten zeigen jedoch, daß die Erfolge der Himmelsmechanik auf sich warten ließen.

JOHANN und DANIEL BERNOULLI machten die ersten, kleinen Schritte in Richtung der analytischen Mechanik, aber der wirkliche Durchbruch zur analytischen Himmelsmechanik gelang erst ALEXIS CLAUDE CLAIRAUT, dessen berühmte Berechnung der Rückkehr von HALLEYs Komet vor zwei Jahren gefeiert wurde. Aber dieser Durchbruch geschah erst 1747 [20]! Auf CLAIRAUT folgten EULER, D'ALEMBERT, LAGRANGE, LAPLACE und damit haben wir sozusagen die großen Namen unter denen aufgezählt, die in den ersten hundert Jahren nach dem Erscheinen der *Principia* auf dem Gebiet der Mechanik arbeiteten.

Es ist kaum zu bezweifeln, daß es die imposante theoretische Struktur der Mechanik, die NEWTON errichtete, war, die Darstellung durch strenge Beweise, vor allem des ersten Buches, in geringerem Grad auch des zweiten, welche in den Augen der Wissenschaftler der neuen Lehre ihre Stoßkraft verlieh. Von diesem Gesichtspunkt aus müssen wir uns fragen: Was sind die Grundlagen, die NEWTON seinem grandiosen Gebäude gegeben hatte, und: Was ist das Neue daran?

<h2 style="text-align:center">V</h2>

Wenden wir uns nun seinen Axiomen zu, vergleichen wir sie mit denen von HUYGENS, und versuchen wir dann, nicht nur das Neue zu finden, sondern auch die Ideen zu erfassen, die NEWTON leiteten.

Hier sind Newtons drei Axiome [21]:

1. „Jeder Körper beharrt im Zustand der Ruhe oder der geradlinigen, gleichförmigen Bewegung, außer wenn ihn eingeprägte Kräfte zwingen, diesen zu ändern".
2. „Die Änderung der Bewegung ist proportional zur eingeprägten, bewegenden Kraft und geschieht in Richtung der Geraden, längs der die Kraft eingeprägt ist".
3. „Die Gegenwirkung ist immer der Wirkung entgegengesetzt; oder auch: Die Wirkungen, die zwei Körper aufeinander ausüben, sind immer gleich [und] in entgegengesetztem Sinne gerichtet".

Newton übernimmt also HUYGENS erste Hypothese vollständig; sie wird sein erstes Axiom. Die zweite und dritte Hypothese HUYGENS sind in seinem zweiten Axiom enthalten. Und dann fügt er noch das dritte Axiom hinzu, das ihm völlig eigen ist.

Bei einer ersten oberflächlichen Lektüre sticht also das, was den beiden Systemen gemeinsam ist, weit mehr ins Auge, als das, was NEWTON hinzufügte. Beide Autoren führen drei Axiome ein, und beide lassen die Statik auf der Seite, eine bewußte Unterlassung, die aber später nicht ohne Folgen geblieben ist. Die ersten zwei Axiome NEWTONs scheinen sich mit den Hypothesen von HUYGENS völlig zu decken, und der Unterschied der beiden Worte, i. e. Axiom und Hypothese, hat hier offenbar keine Bedeutung. Aber schauen wir uns nun etwas genauer an, was beide tun, und beginnen wir mit dem ersten Axiom, wo die beiden sich am nächsten sind.

In der Tat sagen beide mit ähnlichen Worten, daß unter gewissen Bedingungen ein Körper in seiner geradlinig gleichförmigen Bewegung, oder wie NEWTON hinzufügt, im Zustand der Ruhe, beharrt. Es ist aber nicht dieser die Ruhe betreffende Zusatz, so interessant er auch sein mag, der uns hier beschäftigen soll, sondern vielmehr die Frage, unter welchen Bedingungen diese gerade und gleichförmige Bewegung genau stattfindet. Alle, die die Ehre und das manchmal etwas fragliche Vergnügen haben, einen Einführungskurs in die Mechanik zu geben, wissen, daß man hier in einer

# PHILOSOPHIÆ

## NATURALIS

# PRINCIPIA

## MATHEMATICA.

Autore *JS. NEWTON,* *Trin. Coll. Cantab. Soc.* Matheseos
Professore *Lucasiano,*  & Societatis Regalis Sodali.

## IMPRIMATUR·

### S. PEPYS, *Reg. Soc.* PRÆSES.

*Julii* 5. 1686.

## *LONDINI,*

Jussu *Societatis Regiæ* ac Typis *Josephi Streater.* Prostat apud
plures Bibliopolas.  *Anno* MDCLXXXVII.

Bild 6. Faksimile der Titelseite der Principia

gefährlichen Kurve dieser Reise ist, die stets dem Dozenten, sagen wir es offen, auf den Magen drückt. HUYGENS antwortet: „Wenn die Schwerkraft und der Luftwiderstand abwesend sind". Mit anderen Worten: Er bezieht sich genau auf die Bedingungen, unter denen der Prozeß, den er studiert, abläuft, oder wenn Sie wollen, unter denen seine Messungen stattfinden. Er hat sich ein konkretes Problem gestellt, nämlich den Fall eines Körpers unter gewissen Bedingungen, und er bereitet die Grundlagen vor, um das spezielle Problem zu lösen.

Was sagt NEWTON? NEWTON sagt einfach „...wenn er nicht durch die eingeprägten Kräfte (,*a viribus impressis*') gezwungen wird, seinen Zustand irgendwie zu ändern".

Wir, die wir heute so sehr an den Begriff der Kraft gewohnt sind, spüren vielleicht den ungeheuren Schritt, der hier getan ist, nicht ohne weiteres. In Wirklichkeit ist es aber, wie wenn man von einem schönen Tal, umgeben von Bergen, sich umdreht, und plötzlich dem grenzenlosen Ozean gegenüber steht, oder wenn man so will, es ist, wie wenn ein riesiger Vorhang sich gehoben hätte. Kein physikalischer Zusammenhang wird durch NEWTON angegeben und kein konkretes Problem, das dem Verständnis des Lesers auf die Spur helfen könnte, ist hinzugefügt. NEWTON visiert kein spezifisches Einzelproblem an, oder genauer: Er visiert sie *alle* an. Er will hier weder mehr noch weniger als die Grundlagen der *ganzen* Dynamik, d. h. der ganzen Wissenschaft, die uns sagt, gemäß welcher Gesetze Körper (oder Punkte, wie man heute oft sagt) sich durch den Raum und die Zeit bewegen, unter welchen Bedingungen auch immer. Um die Brücke von der Geometrie, die ja auf sicheren Grundlagen stand, zur neuen Wissenschaft zu schlagen, brauchte es ein neues Element, d. h. es brauchte einen neuen *Begriff*. Und um die Grundlage der ganzen Wissenschaft zu legen, brauchte es einen Begriff mit einem äußersten Grad der Abstraktion. Ich kenne die Geschichte des Kraftbegriffs nicht genug, aber ich habe den Eindruck, daß sie heute neu geschrieben werden sollte. NEWTON, der noch kurz vorher „Grund", „*causa*" sagte, wo er nun „*vis*" sagt, hat diesen Begriff, wie er heute gebraucht wird, geschaffen und in die Dynamik eingeführt, um ihn dort zum Eckstein seines großen Gebäudes zu machen.

Aber was ist nun die ,Kraft' gemäß NEWTON? Eine weitere Frage, die dem Professor und den Studenten der Mechanik soviel Kopfzerbrechen bereitet!

Wir finden einen Teil seiner Antwort in den acht Definitionen, die den Axiomen vorausgehen. Nicht weniger als sechs der acht Definitionen gelten dem Kraftbegriff. Die Wichtigsten sind die Dritte und die Vierte, die einerseits die „eingewurzelten" oder Trägheitskräfte, andererseits die eingeprägten Kräfte einführen. Aber diese Definitionen sind nicht erklärend

[ 12 ]

# AXIOMATA
## SIVE
# LEGES MOTUS

### Lex. I.

*Corpus omne perseverare in statu suo quiescendi vel movendi unifor-
miter in directum, nisi quatenus a viribus impressis cogitur statum
illum mutare.*

**P**Rojectilia perseverant in motibus suis nisi quatenus a resistentia aeris retardantur & vi gravitatis impelluntur deorsum.
Trochus, cujus partes cohærendo perpetuo retrahunt sese
a motibus rectilineis, non cessat rotari nisi quatenus ab aere re-
tardatur. Majora autem Planetarum & Cometarum corpora motus suos & progressivos & circulares in spatiis minus resistentibus
factos conservant diutius.

### Lex. II.

*Mutationem motus proportionalem esse vi motrici impressæ, & fieri se-
cundum lineam rectam qua vis illa imprimitur.*

Si vis aliqua motum quemvis generet, dupla duplum, tripla tri-
plum generabit, sive simul & semel, sive gradatim & successive im-
pressa fuerit. Et hic motus quoniam in eandem semper plagam
cum vi generatrice determinatur, si corpus antea movebatur, motui ejus vel conspiranti additur, vel contrario subducitur, vel obli-
quo oblique adjicitur, & cum eo secundum utriusq; determinatio-
nem componitur.         **Lex. III.**

**Bild 7. Newtons Formulierung der ersten zwei Grundgesetze**

und lehren uns wenig: NEWTON will offenbar bloß durch Beispiele die Ideen festlegen. Was die Trägheitskraft betrifft, so ist er etwas ausführlicher und sagt, daß dies die Kraft sei, die den Körper auf einer Geraden hält, und, daß sie proportional zu seiner Masse sei. Aber um wirklich zu verstehen, muß der Leser zuwarten.

Hier eine historische Bemerkung: Wir finden die Trägheitskraft später noch oft erwähnt, aber merkwürdigerweise nicht im ersten Axiom. NEWTON hätte ja leicht und ebensogut sagen können: „*Corpus omne vi insita cogitur perseverare...*", „jeder Körper wird durch die Trägheitskraft gezwungen...". Diese Unterlassung oder dieser Mangel an Konsequenz, wenn man so will, verrät, scheint es mir, einmal mehr den großen Einfluß, den das *Horologium* auf NEWTON gehabt hat. Er hat hier das Beispiel befolgt, das er unter den Augen hatte.

Im zweiten Axiom finden wir einen analogen Schritt in dieselbe Richtung. HUYGENS *nennt* die Schwerkraft, aber er raisonniert anhand der Bewegung. NEWTON nennt überhaupt keine spezielle Kraft, sei es nun die Schwerkraft, die Reibung, die Magnetkraft usw. Er schreibt nur den berühmten Satz:

> „Die Änderung der Bewegung ist proportional der einprägenden bewegenden Kraft und geschieht in der Richtung der Geraden längs der die Kraft eingeprägt ist".

Dies ist wohl der berühmteste Satz, der in der ganzen Geschichte der Physik je geschrieben wurde, obwohl er meist nur abgekürzt zitiert wird, und umso wichtiger ist es, den enormen Grad von Abstraktion, den er enthält, zu unterstreichen. „Wovon spricht NEWTON eigentlich?", denkt der verzweifelte Student noch heute nach 300 Jahren intellektueller Verdauung durch die Wissenschaftler! Aber diese abstrakte Formulierung ist keine Caprice des Verfassers. Im Gegenteil: Wie anders hätte er die Grundlagen der *ganzen* Punktmechanik formulieren können?

Man kann sich fragen, ob in der ganzen Geschichte der Wissenschaft ein neuer abstrakter Begriff – Begriff nun auch im Hegelschen Sinne – je eine nachhaltigere Wirkung gehabt hat.

Das dritte Axiom, das berühmte „die Wirkung ist gleich der Gegenwirkung" gehört, wie gesagt, ihm völlig allein. Er nimmt, was er bei WREN, WALLIS und HUYGENS vorfand, dort um die Stoßgesetze zu formulieren, und zieht daraus ein für die ganze elementare Mechanik gültiges Axiom (denn die Reibung und das Biot-Savartsche Gesetz scheinen ihm nur vorübergehend zu entgehen). Es ist dieser Satz, welcher das Relativitätsprinzip auf die ganze Mechanik ausdehnt. HUYGENS hatte dieses in einem speziellen Fall erkannt und klar formuliert. Der Newtonschen Mechanik ist dies Prinzip zwar eingeprägt, jedoch NEWTON selbst hat daraus die letzten Konsequenzen nicht

## [ 13 ]
## Lex. III.

*Actioni contrariam femper & æqualem effe reactionem : five corporum
duorum actiones in fe mutuo femper effe æquales & in partes contrarias dirigi.*

Quicquid premit vel trahit alterum, tantundem ab eo premitur
vel trahitur.   Siquis lapidem digito premit, premitur & hujus
digitus a lapide. Si equus lapidem funi allegatum trahit, retrahe-
tur etiam & equus æqualiter in lapidem: nam funis utrinq; diftentus
eodem relaxandi fe conatu urgebit Equum verfus lapidem, ac lapidem verfus equum, tantumq; impediet progreffum unius quantum promovet progreffum alterius.   Si corpus aliquod in corpus
aliud impingens, motum ejus vi fua quomodocunq: mutaverit, i-
dem quoque viciffim in motu proprio eandem mutationem in partem contrariam vi alterius ( ob æqualitatem preffionis mutuæ )
fubibit.   His actionibus æquales fiunt mutationes non velocitatum
fed motuum, ( fcilicet in corporibus non aliunde impeditis : ) Mutationes enim velocitatum, in contrarias itidem partes factæ, quia
motus æqualiter mutantur, funt corporibus reciproce proportio-
nales.

### Corol.  I.

*Corpus viribus conjunctis diagonalem parallelogrammi eodem tempore
defcribere, quo latera feparatis.*

Si corpus dato tempore, vi fola *M*,
ferretur ab *A* ad *B*, & vi fola *N*, ab
*A* ad *C*, compleatur parallelogram-
mum *ABDC*, & vi utraq; feretur id
eodem tempore ab *A* ad *D*.  Nam
quoniam vis *N* agit fecundum lineam
*AC* ipfi *BD* parallelam, hæc vis nihil mutabit velocitatem acce-
dendi ad lineam illam *BD* a vi altera genitam.   Accedet igitur
corpus eodem tempore ad lineam *BD* five vis *N* imprimatur, five
non, atq; adeo in fine illius temporis reperietur alicubi in linea
illa

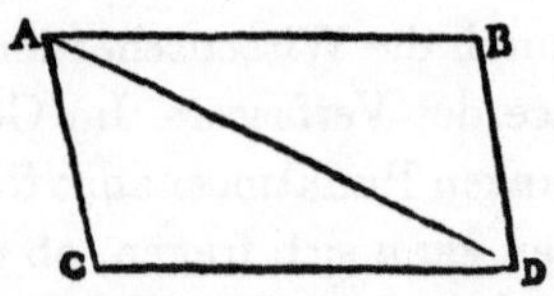

Bild 8. Das dritte Newtonsche Grundgesetz

gezogen. Dies ist nur eines der vielen Paradoxe, von denen die Geschichte der Wissenschaft übervoll ist.

Nochmals eine historische Bemerkung: Man kann sich fragen, ob das, was andere vor ihm im speziellen Fall der Stoßgesetze gefunden hatten, ihn zur Formulierung dieser Idee geführt hatte, wie das sein Kommentar uns suggeriert. Persönlich vermute ich, daß die Entdeckung, die nebst anderen auch von KEPLER gemacht wurde, den Einfluß des Monds auf die Gezeiten NEWTON wesentlich beeinflußt hat. Die Erde zieht den Mond an, aber dieser wirkt zurück und zieht, wie die Gezeiten dies zeigen, die Erde an.

## VI

Aber die Frage: „Was war denn für NEWTON die Kraft?" ist immer noch unbeantwortet. Dies ist die Frage, die von tausenden von Studenten mit Zittern und Zagen, meist mehr gefühlt als wirklich gestellt wird, und die so viele entgegensetzte und oft leider unverständliche Antworten hat! Einige, D'ALEMBERT, wohl als erster, haben sogar die Frage als eine überflüssige auf die Seite geschoben oder als irreführend abgelehnt.

Aber was sagt NEWTON? Auf der einen Seite zeigt er uns einfach, wie die Kraft funktioniert, d. h. wie wir sie in unsere Rechnungen einsetzen, und wie wir sie manipulieren müssen. Denn indem er sogleich den Satz vom Parallelogramm der Kräfte aus den Axiomen herleitet [22], bekundet er, modern ausgedrückt: Die Kraft ist ein *Vektor*. ANDRÉ WEIL hat einmal gesagt, daß die Idee der Gruppe schon in der Geometrie EUCLIDs vorhanden ist [23], und im selben Sinne sind in den *Principia* schon die Vektorrechnung und mit ihr der Modul vorhanden. Das ist der Sprung von den Gründen zu den Kräften: Man addiert und multipliziert keine Gründe, wohl aber Kräfte. Und diesem Theorem entspricht die Antwort auf die zweite Frage: Wie mißt man eine Kraft? Man wählt eine Standardkraft, meist das Gewicht, und benützt sie als Vergleichsmaßstab; d. h. *Kräfte sind Vektoren, die man wägen kann.* Aber indem nun durch die Vektorrechnung das Rechnen mit Kräften festgesetzt ist, wird die Meßvorschrift unabhängig von der Wahl der Standardkraft: Man mißt keine Gründe, wohl aber Kräfte. Diese beiden Schritte, die sich ergänzen, das Parallelogramm und die Meßvorschrift geben dem zweiten Axiom seinen praktischen Inhalt: Es zeigt, wie man für eine unendliche Zahl von Problemen die Differentialgleichungen aufstellen muß. Aber Letzteres hat im großen Stil erst EULER getan.

Kann man eine so imposante Struktur, die einen so großen Teil der Mechanik umfaßt, eine weit umfassendere als was jeder von Newtons Vorgängern auch nur ins Auge gefaßt hatte, anders als durch eine solch abstrakte Formulierung entwerfen? Denn, welches sind die beobachtbaren Eigenschaften, die all diesen unendlich vielen Systemen, welche die Newtonsche Mechanik behandeln kann, gemeinsam sind? Antwort: Einzig und allein diejenigen, die NEWTON angegeben und studiert hat. Und ausgehend von ihnen leitet er die 90 Theoreme der beiden ersten Bücher her, von denen das erste von einer Kohärenz ist, die kaum je erreicht und wohl nie übertroffen worden ist. Es ist die *Struktur* der Mechanik selbst, die auf dieses Buch zurückgeht. Ist einmal diese Struktur errichtet, so folgen die Anwendungen, deren erste NEWTON selbst im dritten Buche folgen läßt.

75 Jahre später werden die Hydrodynamik und die Akustik, die beide schon in den *Principia* anvisiert sind, von EULER definitiv etabliert sein, der damit NEWTONs Grundlagen der Punktmechanik für Kontinua erweitert.

Hier müßte nun auch vom Übergang von der Beobachtung zum Experiment gesprochen werden, aber dieses Thema schon allein würde den Rahmen dieses Vortrags sprengen. Nur soviel: Das Experiment, im Gegensatz zur bloßen Beobachtung, bezieht sich auf eine begriffliche und mathematische Struktur. Bei GALILEI, DESCARTES und anderen finden wir Anfänge dazu. HUYGENS verdanken wir die ersten großen Schritte, wo Theorie und Experiment sich verbinden. Aber NEWTONs erstes Buch stellt doch in dieser Richtung alles vor ihm Dagewesene in den Schatten. Seine systematische Entwicklung der Mechanik erlaubte es, Fragen zu stellen, für deren Beantwortung eine exakte Messung sinnvoll und notwendig war: Eine Beobachtung kann nun irgendwo, irgendwann, aber unter kontrollierten Bedingungen wiederholt werden.

# VII

Jede Epoche verfolgt ihre eigenen Ziele, auch in der Wissenschaft. Die Errungenschaften des 19. Jahrhunderts lagen oft in einer anderen Richtung als die Ziele, die das 18. Jahrhundert verfolgt hatte. Die Mechanik blieb für einige, wie SOMMERFELD sagte, „das Rückgrat der Physik". Allein, für viele andere existierte ein solches Rückgrat nicht, und die bloße Idee eines solchen schien ihnen schon eine Verirrung. NEWTON wurde noch mit Respekt genannt, aber selten gelesen; er wurde der Schutzpatron eines Ideals, das er selbst kaum vertreten hatte, und das Objekt eines Kults, dessen Mitglieder im Grunde ihren Gott nicht kannten und verwarfen. Und die Darstellungen der Physik in den Büchern zeugten von einem Geschmack und einem Verständnis der Wissenschaft, die denen NEWTONs oft völlig entgegengesetzt waren.

Aber die Entwicklung der Wissenschaft ist nicht geradlinig; auch hier gilt oft: „on revient a ses premieres amours". So können wir konstatieren, daß die Physik von heute d. h. die Physik der letzten 25 Jahre sich mehr und mehr vielen Ideen jener Physik annähert, welche die 100 Jahre nach dem

Erscheinen der *Principia* das Feld beherrschte, und dies aus verschiedenen Gründen. Die neue Mechanik EINSTEINs und die Quantenmechanik haben uns gezwungen, die Grundlagen der Physik neu durchzudenken und neu zu formulieren. Die Rolle, welche die Mathematik in der Physik spielt, ist heute wieder viel größer, und schon aus diesem einzigen Grund sind wir wiederum der Epoche, die als erste die *Principia* zu verstehen suchte, viel näher als je. Das vielleicht eklatanteste Beispiel dafür sind die Lie-Gruppen, deren allgemeine Theorie noch vor 30 Jahren nur eine Handvoll von Physikern kannte, und die heute dem Studenten schon im zweiten Jahr des Studiums gelehrt werden, da ihm ohne deren Kenntnis die Physik der Elementarteilchen unverständlich bleibt. Die Beispiele in dieser Richtung sind Legion.

Man kann auch feststellen, daß die Offenheit der Wissenschaftler für die Philosophie heute größer ist als zu Beginn dieses Jahrhunderts, und wenige nur lehnen heute ihre Bedeutung für die Physik rundweg ab. Es genügt hier, an einige Schriften HEISENBERGs zu erinnern.

Aber das wichtigste Charakteristikum der heutigen Physik scheinen mir die Bestrebungen zu sein, die mathematische Wissenschaft der Natur zu einer Einheit zu bringen. Ich denke dabei nicht nur an die Unitären Feldtheorien z.B. die „elektroschwache", welche heute die Physik der Elementarteilchen beherrschen. Ich denke auch an die Bestrebungen, die klassische Physik, insbesondere die Mechanik der Kontinua als eine kohärente Struktur zu verstehen, wo jede Behauptung ihren wohlbestimmten Platz und ihre spezifische Funktion hat, und wo das Ganze durch eine gemeinsame Grundlage zusammengehalten wird, genauso wie NEWTON dies in seinem *Liber Primus de Motu* getan hatte, und EULER es 70 Jahre später für die Hydrodynamik, die Akustik und die Theorie der starren Körper tun wird.

Und schließlich finden wir heute wiederum Bücher, welche uns mehr als nur eine Anzahl von oft beziehungslos nebeneinander liegenden Einzelkenntnissen geben wollen, so wenig strukturiert, wie ein Sandhaufen, sondern die uns auch die zugrunde liegenden Ideen zeigen wollen und wie diese sich durch das ganze Gebietr hindurchziehen und ihm seine Struktur verleihen. Ich denke vor allem an die beiden Bücher HERMANN WEYLs [24, 25] über die Relativitätstheorie und über die Quantenmechanik, ich denke an die Handbuchartikel WOLFGANG PAULIs [26] und CLIFFORD TRUESDELLs [27] und ich denke vor allem an das Meisterwerk von DIRAC [28]. Auch in diesem Buch wird nach einer äußerst knappen Einleitung, in welcher der Autor die Motive seines Unternehmens zeigt, auf 100 Seiten die logische und mathematische Struktur der neuen Mechanik entwickelt, bevor das so Gewonnene auf die einzelnen Beispiele angewandt wird. In diesem Sinn sind die *Principia* gerade heute von besonderer Aktualität, und ein Symposium zu Ehren der *Principia* und ihrem Verfasser berührt uns heute näher, als dies noch vor 50 Jahren der Fall gewesen wäre.

Ich kann es nicht unterdrücken, mit einem kurzen Gespräch mit DIRAC
zu schließen, das ich im Jahre 1968 in Triest einem glücklichen Umstand
verdankte. DIRAC hatte am Vorabend sein Leben als Physiker erzählt und
dabei besonders ausführlich über seine erste Arbeit auf dem Gebiet der
Quantenmechanik gesprochen. Er war zu der Überzeugung gekommen, daß
die Nichtkommutativität der Größen der zentrale Punkt von HEISENBERGs
Entdeckung war, und er hatte dabei die formale Analogie dieser Kommuta-
toren mit den Poissonklammern entdeckt. Als ich nun am folgenden Morgen
zufällig neben ihm saß, fragte ich ihn, warum er denn so wenig über seine
Strahlungstheorie – also seine Quantifizierung des elektromagnetischen Fel-
des – gesprochen habe; mir selbst sei diese immer als seine größte Leistung
erschienen. Seine kurze Antwort lautete: „But why shoult I have done this?
The theory of radiation was only an application of the theory of Poisson
brackets!"

NEWTON hätte dasselbe über sein drittes Buch „*De Systemate Mundi*"
sagen können: „It is only an application of the two books on motion!"

# VIII

Es ist mir ein Vergnügen, den Dozenten der Technischen Hochschule Darmstadt, die mich einluden, über NEWTON zu sprechen, meinen herzlichen
Dank auszusprechen, insbesondere Professor K. HUTTER sowie seiner Se-
kretärin, Frau R. DANNER, die das Manuskript erfaßte. Der Vortrag wurde
in der Scuola Normale Superiore, Pisa, fertiggestellt, und ich danke auch
Professor L. A. RADICATI für seine Gastfreundschaft.

# IX Notizen

1. Leicht' veränderte Fassung eines Vortrages, gehalten in Louvain-la-
   Neuve, am 13.2.1987.
2. *Philosophiae Naturalis Principia Mathematica*, London 1687. Im folgenden beziehe ich mich auf diese Erstausgabe, reproduziert bei Edi-
   tons Culture et Civilisation, Bruxelles, 1965.
3. *De Motu Corporum Sphaericorum viribus centripetis se mutuo peten-
   tium, Principia*, p. 162.
4. *De Motu Fluidorum et resistentia Projectilium, Principia*, p. 317. *De
   Motu per Fluido propagato, Principia*, p. 354.
5. *Horologium Oscillatorium sive de motu pendulorum ad horologio ap-
   tato, Demonstrationes geometricae*, Paris 1673.
6. *Discorsi e Dimostrazioni matematiche intocno a due nuove scienze,
   attenenti alla mecanica e i movimenti locali*, Leiden 1638.

7. *Tabulae Rudolphinae*, Ulm 1627. Ich verdanke auch diese Information Herrn I. B. COHEN (Havard).

8. J. HERIVEL teilte mir mit, daß I. BARROW möglicherweise ein Exemplar besaß, das NEWTON sah.

9. *Johannis Bernoulli Opera Omnia*, Lausannae & Genevae 1742. Das Emblem ziert heute den Umschlag aller Bände seiner gesammelten Werke und Briefe, herausgegeben von der Naturforschenden Gesellschaft in Basel, Birkhäuser Verlag, Basel.

10. A. KOYRÉ, Etudes Galiléennes: I. A. l'aube de la science classique; II. La loi de la chute des corps, DESCARTES et Galilée, III. Galilée et la loi d'inertie, in -B Paris, Hermann, *collection des Actualités scientifiques et industrielles*, 1939, 335 pp.

11. M. PEMBERTON, *A view of Sir Isaac Newton's Philosophy*, London 1728. COLIN Mac LAURIN, *An account of Sir Isaak Newton's Philosophicae discoveries in four Books*, London, 1748.

12. Für eine Übersicht über die einzelnen Kapitel vgl. D. SPEISER, Newtons *Principia* – Werk und Wirkung, *Verhandlung der Naturforschenden Gesellschaft Basel*, Bd. 89 (1980), p. 105.

13. Cf. die Bemerkung – Anmerkung 2.

14. *Principia*, p. 401.

15. *Principia*, p. 42.

16. *De motu corporum minimorum quae viribus centripetis ad singulas magni alicuius corporis partes tendentibus agitantur, Principia*, p. 227.

17. *Principia*, p. 162.

18. *Principia*, p. 245.

19. Frau P. RADELET hat mich auf eine Fortsetzung aufmerksam gemacht: *Giornata sesta del* GALILEO, *Della forza della percossa*, Florenz, 1718.

20. R. TATON, Inventaire chronologique de l'oeuvre d'ALEXIS-CLAUDE CLAIRAUT (1713–1765), *Revue d'histoire des sciences* 1976, XXIX 2, p. 97–122. L. *EULER Op. Omnia* Vol. Ser. 2, Vol. XII–XXX (Vols. XXIV, XXVI, XXVII sind in Vorbereitung).

21. *Principia*, p. 12.

22. *Principia*, p. 13.

23. A. WEIL, History of Mathematics: Why and How, *Proceedings of the International Congress of Mathematicians*, Helsinki, 1978.

24. H. WEYL, *Raum, Zeit, Materie*, 6. Unveränderte Auflage, Springer 19... Cf. D. SPEISER, La nouvelle édition de ‚Raum, Zeit, Materie' de HERMANN WEYL, *Revue des Aust. Sci.* Tome 142 no. 3, juillet 1971.

25. H. WEYL, *Gruppentheorie und Quanten Mechanik*, Wissenschaftliche Buchgesellschaft Darmstadt, 1981, Univer. repr. Nachdruck der

2. Auflage Leipzig 1931, cf. D. SPEISER, HERMANN WEYL, *Phys. Bl.* 42 (1986), Nr. 2.

26. W. PAULI, – Relativitätstheorie. *Encyclopädie der Mathematischen Wissenschaften*, Bd. V/II, p. 543, – Die allgemeinen Prinzipien der Wellenmechanik, *Handbuch der Physik*, Ed. S. FLÜGGE, Bd. V/1, Berlin 1958, p. 1.

27. C. A. TRUESDELL, – The classical Field Theorie. *Handbuch der Physik*, Ed. S. FLÜGGE, Bd. III/1, Berlin, 1960, p. 226, – The Non-Linear Field Theories of Mechanics, Handbuch der Physik, Ed. S. FLÜGGE, Bd. III/3, Berlin, 1965, p. 1, – C. TRUESDELL *A first course in Rational Continuum Mechanics*, Vol. 1 – *General Concepts* – Academic Press New York, San Francisco, London, 1977, A Subsidiary of Harcourt Brace Jovanovich, Publishers.

28. P. A. M. DIRAC, *Quantum Mechanics*, third edition, Oxford, 1947.

# Newtons Einfluß auf die
# Mechanik des 18. Jahrhunderts

*Clifford Truesdell, Baltimore*

Über NEWTONS *Principia* und deren Bedeutung zu diskutieren, ist für mich eigentlich anmaßend; denn DEREK T. WHITESIDES Kenntnisse von NEWTONS Kämpfen, Entdeckungen und Fehlschlägen in der Mechanik sind unübertrefflich. Seine Großtat, die vollständigen mechanischen Arbeiten von NEWTON eigenhändig zu sichten, analysieren, editieren und herauszugegeben, schlug sich in 8 umfangreichen und noblen, innerhalb von 15 Jahren erschienenen Bänden nieder; sie erlaubt es nicht nur ganz gewöhnlichem Fußvolk wie mir, NEWTONS Gesamtwerk, so wie er es selbst niederschrieb, kennen zu lernen und zu studieren, sondern sie ist in der gesamten Geschichte der mathematischen Wissenschaft einzigartig.

Trotzdem sehe ich mich, um den Titel dieses Essays zu erläutern, in aller Bescheidenheit und auf die Gefahr hin berichtigt zu werden, genötigt, einige Bemerkungen darüber anzubringen, was die *Principia* nicht erreichten. Mein Ziel ist keinesfalls zu entlarven, sondern klarzustellen. Die klassische Mechanik, wie sie heute gelernt, angewendet und erweitert wird – eine Gruppe von mathematischen Theorien, welche die Wirkung von Kräften auf Massenpunkte, Starrkörper und verformbare Kontinuen wie Flüssigkeiten und Festkörper beschreibt – trägt zweifellos NEWTONS Prägung, ist aber sicherlich auch nicht in den *Principia* auffindbar; sie folgt *nicht* allein aus NEWTONS Ideen, sie ruht weitgehend, ja größtenteils auf Konzepten und Prinzipien, die durch andere entwickelt worden sind; einige wenige von ihnen waren Newtons Vorgänger, die meisten aber seine Nachfolger, von denen einzelne seinen Ideen mehr oder weniger folgten, während andere, seiner Errungenschaften wohl eingedenk, es vorzogen, die Mechanik auf Wegen zu begehen, die sich von den seinen unterschieden. Die klassische Mechanik, wie sie die meisten Studenten heute gelehrt bekommen, ist größtenteils eine Schöpfung des 18. und 19. Jahrhunderts. Wenig von NEWTONS eigenen Aussagen ist übrig geblieben mit Ausnahme seiner isolierten, oft falsch verstandenen „Axiome". Während NEWTON weit mehr zur Gründung der Rationalen Mechanik – einer mathematischen Wissenschaft, oder einer Gruppe von mathematischen Wissenschaftlern – tat als jeder andere Mann, ist durch frühere oder spätere Mathematiker insgesamt mindestens ebensoviel erreicht worden. Unter diesen sind jene, welche am meisten hervorbrachten EULER und CAUCHY.

Der spezifische Einfluß der *Principia* war in der Tat mannigfaltig. Die größte Leistung, glaube ich, war NEWTONs Idee des Begriffes *Kraft*. Fest auf seinem eisigen Berg tronend, zog er es jedoch vor, den Begriff Kraft erst gar nicht zu erklären; er zeigte, Beispiel auf Beispiel gebend, daß besondere spezielle Kräfte durch mathematische Aussagen beschreibbar und dann konkreter Anwendung unterwerfbar sind, und konnte so klare und konkrete Aussagen über das Verhalten von Körpern der einen oder anderen Art liefern. In moderner Terminologie war der Begriff *Kraft* in der Mechanik für NEWTON und jene, die ihm direkt folgten, ein undefiniertes Objekt, ein „primitives Konzept" wie Punkt und Linie in der Geometrie, mit dem wir uns vertraut machen dank einer Vielzahl von Beispielen, die mit spezifischen mathematischen Eigenschaften behaftet sind und womit man Folgerungen durch – gewöhnlich strikte – mathematische Schlüsse ziehen kann. Die Konstruktion von Lösungen besonderer Problemen ist wesentlich zur Klarstellung der Natur und Bedeutung primitiver Größen; nur nachdem die Wissenschaftler erlernt hatten, Dinge mit ihnen zu tun, hielten sie inne und fragten sich, was Newtons Aussagen und Methoden eigentlich meinten, um dann von Neuem zu lernen, wie NEWTONs „Axiome oder Gesetze der Bewegung" zu lesen seien. Die Interpretation, die ich vorziehe, ist:

> *Gesetz 1*: Es gibt ein Bezugssystem, bezüglich dessen der Impuls eines Körpers konstant bleibt, solange dieser Körper frei ist.
>
> *Gesetz 2*: In einem solchen Bezugssystem ist die zeitliche Änderung des Impulses eines Körpers gleich der auf diesen Körper ausgeübten resultierenden Kraft.

Das sind nicht NEWTONs Worte; und die Begriffe, die in den Aussagen erscheinen, müssen durch Definitionen geklärt und in Termen primitiver Konzepte ausgedrückt werden, wie ‚Körper' und ‚Bewegung' und ‚Kraft', Begriffe, von denen ein jeder einzelne mit speziellen mathematischen Eigenschaften ausgestattet ist.

Im Vorwort der *Principia* schrieb NEWTON:

> Die Alten betrachteten die *Mechanik* in zweifacher Hinsicht; als rationale [Mechanik], durch Beweisführung exakt voranschreitend, und als praktische [Mechanik].

Und etwas weiter unten:

> In diesem Sinne wird die Rationale Mechanik die Wissenschaft sein, um die *Bewegungen*, die aus irgendwelchen Kräften resultieren sowie die Kräfte, die nötig sind, um irgendeine Bewegung hervorzubringen, genau zu beschreiben und zu erzeugen.

NEWTON nennt die Namen der ‚Alten‘, welche die Unterscheidung von ‚rational‘ und ‚praktisch‘ vornahmen, nicht. Ich habe mehrere Wissenschaftshistoriker gefragt, wer diese Alten waren, und keiner war imstande, es mir zu sagen. Das *Oxford English Dictionary Supplement (1982)* nennt als die zwei ersten Stellen, wo der Ausdruck „Rationale Mechanik" im Englischen auftritt, die zwei Passagen in MOTTES Übersetzung der *Principia*, die ich soeben oben aufgeführt habe. Natürlich hat NEWTON selbst lateinisch geschrieben: „*Mechanica rationalis*"; in der lateinischen Literatur kenne ich keine frühere Stelle, wo dieser Term auftritt als seine. Ich vermute, daß seine Erwähnung der „Alten" als Versteck diente, und daß *er* der Schöpfer der Wortprägung war. Selbstverständlich ist nicht die Wortschöpfung das Wichtige, sondern deren Bedeutung: Einmal das „...durch Beweisführung exakt voranschreitende" und dann die Betonung der mathematischen Argumentierbarkeit, auf die sich NEWTON während der Niederschrift der *Principia* stützte. In der Tat ist es Mathematik. Am 20. Juni 1686, kurz nachdem HALLEY angewiesen worden war, die Drucklegung der *Principia* zu beaufsichtigen, schrieb ihm NEWTON eine Notiz über das „frivole Geschäft", das von HOOKES Prioritätsanspruch hinsichtlich der elliptischen Planetenbahnen resultierte.

> „Ist dies nicht sehr fein? Mathematiker, die entdecken, [Probleme] lösen und die ganze Arbeit machen, müssen sich damit zufrieden geben, nichts anderes als trockene Rechner und Sklaven zu sein, und ein anderer, der nichts weiteres tut, als anzugeben und nach allen Dingen trachtet, kann all die Erfindungen derer wegtragen, die ihm folgten und bereits vor ihm schon da waren."

Der zweite der beiden größten Einflüsse, welche die *Principia* auf die nachfolgende Entwicklung der Wissenschaft Mechanik ausübte, lag meiner Meinung nach in NEWTONS analytischer Kraft und Hingabe, die Phänomene der Natur in sauberer mathematischer Form zu sehen.

Die Mechanik als mathematische Wissenschaft von Kräften und deren Wirkung auf Körper ist entwickelt worden auf der Grundlage festgesetzter mathematischer Annahmen (die manchmal Axiome, manchmal Theoreme, Definitionen und manchmal Hypothesen genannt werden), zuerst von Newtons Schülern in Großbritannien, dann (mit Unterbrechungen) von JOHANN BERNOULLI, darauf stetig und zielbewußt von DANIEL BERNOULLI und EULER und noch später im 18. Jahrhundert von vielen französischen, italienischen und deutschen Geometern. Zur gleichen Zeit wie auch schon früher und dann später gab es auch andere Wege, die Mechanik zu betrachten; der bekannteste unter ihnen war derjenige von D'ALEMBERT, der heute hauptsächlich in LAGRANGEs stark vereinfachter und rein algebraischer Neuformulierung seines Lehrbuches von 1788 bekannt ist. LAGRANGEs grundlegende Annahme war das Prinzip der virtuellen Arbeit, in welchem die negativen Beschleunigungen als Kräfte pro Masseneinheit behandelt werden. Er führte sein berühmtes Symbol S ein, das die Integration „über all die gegebenen Massen" bezeichnete, und schloß dabei Systeme, bestehend aus Massenpunkten, massebelegten Linien und Oberflächen und massebehafteten Volumina in drei Dimensionen ein.

Nach meiner Meinung entsprang der drittgrößte Einfluß der *Principia* dem Anspruch NEWTONs, daß die Rationale Mechanik die Wissenschaft der Bewegungen sei, die aus der Aufprägung *irgendwelcher Kräfte* resultieren. Während sicher niemand NEWTONS Fähigkeiten als Experimentator, oder seine Kenntnis solcher Daten, wie sie ihm zur Verfügung standen, in Frage stellen wird, ist sein Anspruch, daß seine Gesetze nicht nur die Arten der Kräfte beschreiben, die damals bekannt waren, sondern auch all jene Kräfte, die in Zukunft noch entdeckt werden würden, allumfassend und stolz. Als z. B. mehr als 100 Jahre nach Erscheinen der *Principia* elektromagnetische Kräfte beobachtet und gemessen wurden, sind die durch sie in massebehafteten Körpern angeregten Bewegungen ohne viel zu fragen und mit wenig Fehlern als den Newtonschen Prinzipien gehorchend angenommen worden.

NEWTONS Anspruch betreffend „irgendwelcher Kräfte" spiegelt sein Vertrauen in saubere mathematische Konzepte und Axiome wider und die Folgerungen, welche man durch mathematisches Argumentieren daraus ziehen kann. Sein Beispiel gab einem Jahrhundert von brillanten Geometern Mut und Kraft, welche die Rationale Mechanik zu einem großen, organisierten Körper formten, aus dem dann später die heutige Rationale Mechanik erwuchs.

Wenn Sie mich darauf aufmerksam machen sollten, daß sich Newtons Lehre letztlich als falsch herausstellte, so möchte ich entgegnen, daß die Grenzen des Bereichs der Gültigkeit seiner Gesetze solange nicht entdeckt wurden, als bis seine Ideen soweit entwickelt und erweitert waren, daß rationale Theorien für starre, elastische und flüssige Körper zur Verfügung standen, welche die Konstruktion von experimentellen Apparaten ermöglichten, deren Zweck es war, Fakten zu entdecken, zu illustrieren und zu bestimmen, die mit gewissen Teilen der klassischen Physik scheinbar im Widerspruch waren. NEWTONS Allumfassenheit setzte auch ein Beispiel für die Theoretiker, die seine Prinzipien zu modifizieren trachteten. Im Jahre 1933 hat EINSTEIN gesagt:

> Jeder Versuch, die grundlegenden Konzepte und grundlegenden Gesetze der Mechanik aus elementarer Erfahrung heraus herzuleiten, ist zum Scheitern verurteilt.

Später hat DIRAC praktisch die gleiche Aussage gemacht. Man beachte auch, daß in EINSTEINs Satz das Wort „Konzepte" den „Grundlegenden Gesetzen" vorangestellt wird.

Lassen Sie mich im folgenden auf einige populäre Aussagen über die *Principia* eingehen, die zwar falsch sind, aber schnell in die Folklore der Physik und ihre Geschichte Eingang fanden, und insbesondere noch mehr in den Luftblasen der Buchkataloge herumspuken, so daß sie aus dem Allgemeinwissen nicht mehr zu verbannen sind.

ERSTE FALSCHE BEHAUPTUNG. *Die* Principia *sind ein Buch über die Mechanik von Massenpunkten (oder mindestens sehr kleinen Körpern).* Diese Idee ist reine Illusion und vielleicht Wunschdenken. NEWTON gebraucht öfters das lateinische *Particulae*, „ein kleiner Teil" und auch *Corpusculum*, „ein kleiner Körper"; er definiert weder den einen noch den anderen Term, woraus wohl folgt, daß er beide als Wörter des gewöhnlichen Sprachgebrauchs seiner Zeit verwendet. Vor ein paar Jahren veröffentlichte ich eine Übersicht und Analyse derjenigen Passagen der *Principia*, wo die beiden Begriffe gebraucht werden, ergänzt mit einigen erklärenden Texten der mathematischen Literatur in lateinischer Sprache zu Newtons Zeit und mit den zutreffenden Absätzen des *Oxford English Dictionary*. Ich schloß, daß NEWTON kein einziges Mal irgendwo in seinen *Principia* die Wörter „particula" oder „corpusculum" im Sinne eines punktförmigen Körpers gebrauchte. Ein „Partikel" war oft ein differentielles Element. Das *Oxford Dictionary*, unterstützt diese Deutung mit einer Erwähnung eines Lehrbuches aus dem Jahre 1743.

Erlauben Sie mir, mich von den Worten den Taten zuzuwenden, und lassen Sie uns fragen, ob Newtons Mechanik eine Mechanik der Massenpunkte sei und nicht mehr.

Weit gefehlt! Das ganze zweite Buch beschäftigt sich mit Medien, die aus unendlich vielen Punkten bestehen, deren Massen Null sind. Das zweite Buch ist wiederum bekannt als eine Hauptquelle der Hydrostatik, Hydrodynamik und Akustik. In ihrem bewundernswerten unerläßlichen Werk „*Analytical View of Sir Isaak Newtons Principia*" beschreiben BROUGHAM und ROUTH dieses Buch kurz und schreiben, daß es mit Sicherheit jedem, es sei denn ihm selber, dauernde Anerkennung gebracht hätte, wenn es das einzige Werk eines anderen Mannes gewesen wäre." Die zweite Hälfte ihres Buches präsentiert und analysiert NEWTONs Versuche mit Feldtheorien der Hydrostatik und Hydrodynamik. Daher konnte NEWTON seine Mechanik nicht auf solche Körper, die später Massenpunkte genannt wurden, beschränkt haben wollen.

Die Axiome, die NEWTON seinem Buche obenanstellte, betreffen „Körper". Die Punkte, die einen Kreisel oder einen Globus ausmachen, sind unzählig; die Masse eines jeden ist Null. Eine der gefeiertsten Entdeckungen NEWTONs ist das Theorem, daß zwei homogen geschichtete Kugeln sich gegenseitig derart anziehen, als ob ihre Massen in einem Korpuskel ihrer Zentren konzentriert wäre (Buch I, Theorem XXXVI). Dieser Satz ist ebenfalls unerreichbar in einer Mechanik von Massenpunkten, da jeder Punkt der starren Kugel die Nullmasse hat. NEWTONs Beweis gründet auf den zwei vorangegangenen Propositionen, deren erste ein „Korpuskel" außerhalb der Kugel betrifft und deren beide auf die „anziehenden Partikel", welche die Kugel ausmachen, Bezug nehmen. Nur wenn die „Partikel" als differentielle Elemente von Masse interpretiert werden, sind dort NEWTONs Argumente sinnvoll. Ohne das Theorem wäre NEWTONs Behandlung von Sonne und Erde Unsinn, da, obgleich diese zwei Körper nahezu kugelförmig sind, jeder Bauernknecht der sich bei Sonnenaufgang auf seine Hacke stützt, mit eigenen Augen sehen kann, daß sie für menschliche Wesen zu große Gebiete ausfüllen, als daß sie als Massenpunkte betrachtet werden könnten. NEWTONs Abbildung für Proposition LXIV in Buch I zeigt Kugeln mit unterschiedlichem Durchmesser, wobei S[ol] naturgemäß viel größer ist als T[erra] und L[una]. Niemand im 17. Jahrhundert hätte eine Mechanik, die sich nur mit Körpern beschäftigt, die als Punkte hätten betrachtet werden können, ernst genommen.

Das Konzept der Massenpunkte ist von EULER in seiner *Mechanica* im Jahre 1736 eingeführt worden, da, wie er in seinem allgemeinen Scholion am Ende von Kapitel I schreibt, seine vorangehenden Gesetze, daß „ein Körper, wenn er sich selbst überlassen ist, in Ruhe bleibt oder einer kontinuierlichen Bewegung folgt, mit Recht unendlich kleine Körper betreffen, die ebenso gut als Punkte betrachtet werden können". Ich bemerke, daß diese Gesetze, obwohl sie auch auf die Zentren der Newtonschen Globen angewendet werden können, dies nur tun in Intervallen zwischen Stößen, und daß sie zur Bestimmung der Bewegung dieser Globen, nachdem solche Stöße stattfanden, nicht genügen.

ZWEITE FALSCHE BEHAUPTUNG. *Die* Principia *enthalten die „Newtonschen Differentialgleichungen" für Systeme von Massenpunkten,* ausgedrückt in „cartesischen" Koordinaten, z. B.

$$M_k \frac{d^2 x_k}{dt^2} = F_{kx}, \quad M_k \frac{d^2 y_k}{dt^2} = F_{ky}, \quad M_k \frac{d^2 z_k}{dt^2} = F_{kz}, \quad k = 1, 2, \ldots, n,$$

worin $M_k$ die Masse des $k$-ten Partikels bezeichnet, $x_k, y_k$, and $z_k$ die Koordinaten ihrer Positionen zur Zeit $t$ sind und $F_{kx}, F_{ky}, F_{kz}$ die Komponenten der aufgebrachten Kraft des $k$-ten Teilchens bezeichnen, welche vorgegebene Funktionen der Zeit sowie der Koordinaten der Positionen aller $n$ Teilchen zur Zeit $t$ sind. Eine solche Behauptung ist *a fortiori* unmöglich, erstens weil NEWTON keine Massenpunkte behandelt und zweitens „cartesische" Koordinaten in drei Dimensionen noch gar nicht eingeführt waren. LAGRANGE schrieb im Jahre 1788, daß „der verstorbene Herr MACLAURIN der erste gewesen zu sein scheint", der Bezug nahm auf „die Bewegung des Körpers und die Kräfte, die an ihm angreifen" in „drei rechteckigen Koordinaten" in „festen Richtungen des Raumes". MACLAURINS diesbezügliche Annahme kann in seinem endlosen Werk *A Treatise of Fluxions*, 1742, gefunden werden. Sie beziehen sich auf Fluxionen, sind andererseits aber verbal ausgedrückt mit Hilfe einer geometrischen Figur, in §465 in zwei Dimensionen, in §469 in drei Dimensionen und in §884 in einer Zusammenfassung von zehn Linien. Es muß LAGRANGE sehr viel Zeit gekostet haben, diese Abschnitte zu finden, deren gesamte Länge weniger als 3 der 763 Seiten von MacLAURINS Werk füllt. BOYER , in seiner *History of Analytic Geometry* weist feste „cartesische" Koordinaten in drei Dimensionen PARENT (1705) zu; EULER gebrauchte sie in der Geometrie seit 1728. JOHANN BERNOULLI scheint der erste gewesen zu sein, der ein spezielles Problem der Dynamik in festen „cartesischen" Koordinaten aufgestellt hat, nämlich die ebene Bewegung des bifilaren Pendels; das war im Jahre 1742, als die anhängige Veröffentlichung seiner *Gesammelten Werke* ihn, den 75jährigen, dazu bewegten, ihren Inhalt anschwellen zu lassen mit einigen hinzugefügten neuen Forschungsresultaten. Der erste, der die Gleichungen, die heute „Newtonsche" Differentialgleichungen genannt werden, auf ein System mit mehreren Freiheitsgraden anwandte, war EULER; seine Abhandlung, die er am 9. Januar 1744 der Akademie zu Berlin vortrug, trägt den Titel „Über die Bewegung biegsamer Körper" (E 174); ich werde weiter unten mehr darüber sagen. Die „Newtonschen Bewegungsdifferentialgleichungen", erscheinen ohne Bezug auf besondere Kräfte letztlich in einer Abhandlung EULERS aus dem Jahre 1749: „Untersuchungen über die Bewegung himmlischer Körper im allgemeinen".

DRITTE FALSCHE BEHAUPTUNG. EULERS Mechanica *übersetzte die* Principia *aus der griechischen, geometrischen, mathematischen Sprache in die Mathematik der Analysis.* Diese falsche Behauptung ist außergewöhnlich unmäßig. Erstens sind die *Principia* voll von Infinitesimalrechnung, und mindestens dieser Teil brauchte keine Übersetzung. Zweitens ist das Ziel von EULERS *Mechanica* viel, viel enger gefaßt als dasjenige der *Principia*; denn EULER behandelt von Anfang an bis zum Ende nur Bewegungen eines einzigen Massenpunktes. Da er NEWTONs Erstes und Zweites Grundgesetz akzeptiert, beschäftigt sich sein ganzes Buch eigentlich nur mit Kinematik der Bewegung eines Punktes, dessen Beschleunigung in einem Inertialsystem eine vorgegebene Funktion des Ortes in zwei oder drei Dimensionen ist, in Band I ohne Zwangsbedingungen, in Band II mit verschiedenen Zwangsbedingungen zum Beispiel, daß der Massenpunkt auf einer gegebenen Ebene gebunden ist. Es gibt nur wenige gemeinsame Themen der *Principia* und der *Mechanica*. Die *Mechanica* brachten EULER wegen seiner Fähigkeit der konsequenten analytischen Behandlung sofortigen und großen und dauernden Ruhm. Von seinen vielen Büchern hat dieses den Zahn der Zeit am wenigsten überstanden. Er schrieb die erste Fassung der *Mechanica* etwa 1730. In ihr machte er einen Anfang über Starrkörper, brach aber ab nach einem Theorem über die Bewegung des Schwerpunktes.

In dem veröffentlichten allgemeinen Scholion, von dem ich zitiert habe, schreibt EULER, daß „die Bewegungen von Körpern mit endlicher Größe jetzt noch nicht bestimmt werden können, da die bis anhin bekannten Prinzipien ungenügend seien". Er sagt aber, daß er in zukünftigen Bänden die

> *starren Körper,*
> *biegsamen Körper,*
> *elastischen Körper,*
> *die Stöße* und die
> *flüssigen Körper,*

behandeln werde. Ein Großteil von EULERs Leben war diesem Programm gewidmet; das Resultat, mehrere Bücher und Hunderte von Veröffentlichungen, ist durch EULERs Entdeckungen so sehr bereichert worden, daß es mit der mechanischen Wissenschaft, wie sie in den *Principia* dargelegt ist, wenig Gemeinsames hat.

VIERTE FALSCHE BEHAUPTUNG. *Die* Principia *enthalten mindestens einen Keim der Prinzipien, welche die Starrkörperbewegung regieren.* In der Tat gibt es NEWTONs berühmte Bemerkung über das Erste Gesetz:

> Ein Kreisel, dessen Teile wegen ihrer Bindungen unaufhörlich
> von geradlinigen Bewegungen weggetrieben werden, bricht seine
> Drehung durch nichts ab als daß er durch die Luft abgebremst
> wird.

In einem Manuskript, dessen Inhalt in die *Principia* keinen Eingang fand, sagt NEWTON, daß sich ein Körper nur um besondere, nicht aber alle Achsen, frei drehen könne. Weder sein Buch noch das eben erwähnte Manuskript enthält irgend etwas, das durch „Demonstration exakt" entwickelt wäre. Dasselbe muß über Newtons erstaunliche, tiefgründige und in der Tat heroische und auf Analogien gründende Berechnungen gesagt werden, wenn er in seinen Büchern I und III seine Bemerkungen über die Regression der Knoten und Equinoxien des Mondes macht. D'ALEMBERTs Buch *Forschungen über die Präzession der Equinoxien und die Nutation der Erdachse im Newtonschen System*, das 1749 publiziert wurde, hat dann Newtons Ansätze, Vermutungen und numerischen Berechnungen analysiert. CURTIS WILSON hat die ganze Frage in seiner lehrreichen Abhandlung, die bestimmt ein Klassiker der Geschichte der Wissenschaften werden wird, zusammengefaßt[1]. Aus dem von ihm sowie von D'ALEMBERT zusammengestellten Katalog von Fehlern schließt er, daß bei „ NEWTON ... eine artikulierte Kinematik und Dynamik für endliche feste Körper fehlt". Die Existenz von Drehträgheit zu erwähnen ist weit weg von einem Vorschlag und einer Berechnung eines mathematischen Maßes für den Drehimpuls. In WILSONs eigenen Worten: „NEWTON selbst hat nichts zu sagen über die Mechanik von Starrkörpern und sehr wenig zu sagen über Systeme von Körpern unter gegenseitigen Zwangsbedingungen."

Starrkörperbewegungen bieten ein gutes Thema, mit dessen Hilfe man Newtons Einfluß aber auch von ihm unabhängige Ideen zurückverfolgen kann. Jedermann weiß, daß CHRISTIAAN HUYGENS in seinem Buch *Horologium Oscillatorium* 1673 auf den Begriff des „Trägheitsmomentes" eines auf einer Ebene, um eine dazu normalen Achse schwingenden Systems stieß, wie es später von EULER genannt wurde. Um das „Zentrum der Schwingung" eines solchen Körpers zu finden, in Wirklichkeit, um die Länge eines einfachen Pendels mit derselben Schwingungsperiode zu bestimmen, hat er ein Energieprinzip ausgesprochen, von dem JAKOB BERNOULLI später sagte:

> Es gibt eine Vielzahl von Leuten, denen diese Forderung ein wenig kühn vorgekommen ist und die nie imstande gewesen wären, übereinzukommen, daß sie selbstverständlich ist.

Es ist weniger bekannt, daß HUYGENS dem 2. Newtonschen Gesetz sehr nahe kam, indem er effektiv annahm, daß ein schwerer Körper, der irgend einen Zylinder hinunter gleitet, in jedem Punkt die Beschleunigung hat, welche er haben würde, wenn er die Tangentialebene in jenem Punkte hinabgleiten würde – eine Idee, die bereits GALILEIs fruchtloser Diskussion über den Fall entlang eines Quadranten eines Kreiszylinders eigen ist. 1686, ein Jahr bevor die *Principia* veröffentlicht wurden, erschien Jakob BERNOULLIs erste Arbeit über die Drehung eines ebenen Systems um eine feste, senkrechte Achse. Dort behandelt er die Geschwindigkeiten der Einzelteile als Impulse.

---

[1] „D'Alembert versus Euler on the Precession of the Equinoxes and the Mechanics of Rigid Bodies", Archive for History of Exact Sciences, Volume 37, 1987.

Obgleich diese seine Idee auf den Anfangszustand der Bewegung anwendbar ist, kann sie für spätere Zeiten nicht mehr gültig sein. BERNOULLI kam 1703 wieder auf das Thema zurück, betrachtete die negativen Zentrifugalbeschleunigungen der Teile als Kräfte pro Masseneinheit, die vektoriell zu den tangentialen, durch die Gravitation ausgeübten Kräfte hinzugezählt werden müssen. Diese Idee, erweitert auf allgemeine aufgebrachte Kräfte und allgemeine Zwangsbedingungen führt auf eines der zwei oder drei Prinzipien, die später mit dem Namen D'ALEMBERT verknüpft waren; das Prinzip ist in der Folge von DANIEL BERNOULLI angewendet worden, und unter EULERs Hand ist es das standardisierte Vorgehen geworden, die Bewegungsdifferentialgleichungen herzuleiten. Ob JAKOB BERNOULLIs grundlegende Idee mehr den *Principia* als dem *Horologium Oscillatorium* verdankt, wage ich nicht zu sagen. Wir werden später sehen, daß die Rationale Mechanik, wie sie uns durch das 18. und 19. Jahrhundert hinterlassen wurde, sowohl NEWTONs Idee der durch Beschleunigungen bilanzierten Kräfte als auch der niederländischen Tradition der Statik, die auf SIMON STEVIN zurückgeht, entspringt. BERNOULLIs großartige Arbeit über das Zentrum der Schwingung kann sehr wohl als der Anfang dieser Konvergenz betrachtet werden.

Es würde eine Abhandlung für sich in Anspruch nehmen, wenn man die Entwicklung der Theorien der Starrkörperbewegung im 18. Jahrhundert entwickeln wollte. Ich habe darüber mehrere Arbeiten veröffentlicht. Ihre Geschichte, Stück für Stück, ist wunderschön; die Systeme, die behandelt wurden, schließen ein Schiff unter kleinen Schwingungen und eine, um eine beliebige Achse rotierende Scheibe ein. CURTIS WILSON hat kürzlich gezeigt, daß D'ALEMBERT im Jahre 1749 mit seinem Anspruch recht hatte, der erste gewesen zu sein, der die allgemeinen dynamischen Gleichungen der starren Drehung um den Schwerpunkt veröffentlichte; seine Ausführungen in seinen *Forschungen über Präzession und Nutation* sind derart dunkel, daß ich bezweifle, daß sie mit der Ausnahme vielleicht von LAPLACE vor WILSON von irgend jemandem gelesen wurden. EULER durchdrang sie nach hartem Studium genügend, um seine grundlegenden Schlußfolgerungen zu erfassen, die er dann in seiner gewohnten Klarheit und Direktheit neu schuf. Wir erinnern daran, daß sich NEWTON die Berechnung der Präzession der Equinoxien zum Ziele gesetzt hatte und sie titanenhaft in Angriff nahm. Obwohl EULER mit sauberer Mathematik eine etwas allgemeinere Lösung erhielt als D'ALEMBERT, war diese nicht sein Hauptziel. Nach WILSON benützte EULER „erhabene Regeln", die aus D'ALEMBERTs *Recherches* entnommen waren... Aber, [schreibt WILSON] „D'ALEMBERTs Anwendung [seines] Prinzips... war schwammig; und für EULER [daraus] herauszuziehen, bedeutete Klarstellung".

Seit seinen Tagen als Student bei JOHANN BERNOULLI hat EULER danach getrachtet, eine allgemeine Theorie der Starrkörperbewegung zu erhalten. Das hat er schließlich erreicht in seiner *Entdeckung eines neuen Prinzips der Mechanik*, das im Jahre 1750 vollendet wurde. Das „neue Prinzip" ist das Zweite Newtonsche Grundgesetz, nicht nur für einen Körper als Ganzes, sondern für *jeden Teil eines jeden Körpers:* In moderner Schreibweise

$$d\mathbf{F} = \mathbf{a}dM\,,$$

wo $\mathbf{F}$ die resultierende Kraft, $\mathbf{a}$ die Beschleunigung und $M$ die Masse bezeichnen. Für einen Körper als Ganzes ergibt die Integration Newtons eigenes Zweites Gesetz, wobei die „Bewegungsänderung" dem Produkt aus der Gesamtmasse des Körpers mit der Beschleunigung des Massenmittelpunktes gleichgesetzt wird. Bei der Berechnung der gesamten aufgebrachten Kraft vernachlässigt EULER die gegenseitigen Kräfte der Massenelemente, da, wie er sagt, diese „Kräfte die Struktur des Körpers zu zerstören versuchen", die Definition des starren Körpers dies aber verhindert. In der Berechnung der Momentenbilanz berücksichtigt er wegen der Erhaltung der Starrheit die inneren Kräfte ebenfalls nicht, wie geartet sie auch immer sein mögen.

EULER war mit einer, allein für Starrkörper gültigen (oder angenommenen) Schlußfolgerung nicht zufrieden. Seit seiner Jugend waren ihm Probleme elastischer Balken vertraut, und er hatte solche Probleme gelöst, in denen die Momente von Kräften von zentraler, die Kräfte selbst aber von sekundärer Bedeutung sind. In seiner großen Abhandlung von 1744, die schon erwähnt wurde und in welcher die Bewegungsgleichungen von $n$ starren, durch ideale Gelenke verbundenen Stäbe hergeleitet wurden, hatte er den Impulssatz und den Drehimpulssatz *unabhängig* voneinander formuliert. Es so zu tun, war für ihn natürlich. Ausgebildet in der niederländischen Tradition der Statik, wußte er sehr wohl, daß Gleichgewicht der Kräfte nicht auch Gleichgewicht der Momente bedeutet. Wenn umgekehrt Beschleunigungen als Kräfte pro Masseneinheit anzusehen sind, müssen dann nicht auch ihre Momente in die Momentenbilanz eingehen? Heute kennen wir das für gewisse *spezielle* Systeme, da der Drehimpulssatz eine mathematische Folgerung des Impulssatzes ist. Die hauptsächlichsten Beispiele sind Systeme von Massenpunkten, welche sich paarweise im Gleichgewicht befindlichen Zentalkräften unterworfen sind (Poissons Theorem) unterworfen sind und die Hydrodynamik idealer Flüssigkeiten, aber das gilt nicht für andere Kontinuumstheorien; die Theorie elastischer gekrümmter Stäbe ist eine davon, in der EULER ein unübertrefflicher Meister war. Also schlug EULER in einer im Jahre 1775 geschriebenen Arbeit vor, die beiden Gesetze des Impulses und Drehimpulses als unabhängige Annahmen zu fordern

$$\mathbf{F} = \int \mathbf{a}dM\,, \quad \mathbf{T} = \int (\mathbf{p} \times \mathbf{a})dM\,,$$

worin $\mathbf{T}$ das aufgebrachte Moment bezüglich eines Ursprungs und $\mathbf{p}$ den von diesem Ursprung aus gemessen Positionsvektor bezeichnen. Natürlich schrieb er diese Gesetze in Form rechtwinkliger „cartesischer" Koordinaten. EULERs grundlegende Gesetze der Bewegung dienten sehr lange als ein allgemeines Gerüst der Mechanik. CAUCHY, um einen Namen zu nennen, baute z. B. seine Elastizitätstheorie auf ihnen auf.

Ebenfalls wichtig für die späteren Elastizitätstheorien war EULERs allgemeines Gleichgewichtsprinzip – wiederum Statik – eines ebenen gekrümmten Stabes, der in jedem Punkte nicht nur Zugkräfte und Biegemomente sondern auch Scherkräfte aufnehmen konnte (1771–1774). Hier ist der eindimensionale Körper einer Beanspruchung unterworfen, die dem dreidimensionalen Raum entspringt, in dem er eingebettet ist. In diesen Arbeiten, in denen EULER Überlegungen des letzten und posthum erschienenen Werkes von JAKOB BERNOULLI (1705) aufleben läßt und stark erweitert, macht er eine deutliche Trennung zwischen den allgemeinen Gleichgewichtsbedingungen und der Natur des sich im Gleichgewicht befindlichen Körpers. Jene Natur oder Zusammensetzung wird dadurch spezifiziert, was heute als „Konstitutiv- oder Materialeigenschaften" bekannt ist und im Gegensatz zu den für eine große Klasse von Körpern gültigen Bilanzaussagen, Unterklassen dadurch auszeichnet, daß Materialeigenschaften mathematisch festgesetzt werden. Ein berühmtes Beispiel ist Newtons Hypothese über die Viskosität:

> Der Widerstand, der vom Mangel an Gleitfähigkeit der Einzelteile eines Fluids herrührt, ist beim Gleichbleiben aller anderen Größen zur Geschwindigkeit proportional, mit der die Teile der Flüssigkeit voneinander getrennt werden.

Auch die Hydrodynamik der idealen Flüssigkeiten ist durch die *Principia* stark beeinflußt worden; denn sie ist das Thema eines Großteils des wundervollen zweiten Buches, in dem wir NEWTON als einen großen Erfinder von Konzepten und Beispielen eines Aspekts der Physik erkennen, der vor seiner Zeit kaum entwickelt war. In einigen Passagen betrachtete NEWTON eine Flüssigkeit als eine Ansammlung von kleinen Partikeln, in anderen als ein Plenum, und wieder in anderen als beides irgendwie vermengt. Er hat Schlüsse gezogen über die Beziehung zwischen dem Druck und der Dichte eines Gases, über den Widerstand, den eine verdünnte Flüssigkeit einem in ihr sich bewegenden Körper entgegensetzt, über die Druckverteilung, der eine ruhende, inkompressible Flüssigkeit in einem Gefäß ausgesetzt ist, über einen kugelförmigen flüssigen Körper, der unter seinem Eigengewicht auf einem konzentrischen kugelig geformten Boden ruht, über die Geschwindigkeit, mit der ein Strahl aus einer am Boden eines Gefäßes angebrachten Öffnung austritt, die Verengung seines Querschnittes und die Reaktion eines solchen Strahles auf das Gefäß und über die Geschwindigkeit mit der sich ein

Schallimpuls in Luft fortpflanzt. Weniger wichtig als Newtons Unfähigkeit, die dabei auftretenden Fragen mathematisch überzeugend zu beschreiben, ist sein erstaunlicher Spürsinn für Probleme – seine Fähigkeit, Situationen auszuwählen und in einem gewissen Sinne anzugehen, die vor ihm weitgehend unberührt geblieben sind, und die fast ein Programm für die Forschung des folgenden Jahrhunderts erforderte; die einzige Ausnahme hiervon war seine Hypothese, die tangentiale Reibung von Flüssigkeiten betreffend. Dies ist im 18. Jahrhundert übergangen worden, und eine präzise Formulierung blieb NAVIER und später dem jungen STOKES überlassen, der in seiner gefeierten Abhandlung von 1845, wie es scheint, als erster Brite klar und ohne Umschweif zu sagen wagte, daß der heilige NEWTON einen schweren Fehler begangen habe. Ich spiele hier auf STOKES' Verbesserung des Newtonschen Reibungswiderstandes, den eine viskose Flüssigkeit einem in ihr drehenden Körper entgegensetzt, an. Das Beispiel beweist die Regel, und es sind die Navier-Stokesschen Differentialgleichungen viskoser Flüssigkeiten, die, so denke ich, die erste große Antwort auf Probleme der Hydrodynamik bilden, welche in den *Principia* zwar aufleuchteten, aber nebulös blieben.

Wir erkennen, um zum 18. Jahrhundert zurückzukehren, einen geraden und steten Wege der Erleuchtung, zuerst in der Hydraulik von Rohrströmungen, die durch DANIEL BERNOULLI in seiner Hydrodynamik (1738) geschaffen und von seinem Vater, JOHANN BERNOULLI, verbessert wurde und dessen *Hydraulik, [zum ersten Mal offengelegt und aus den rein mechanischen Grundlagen abgeleitet]* (1743) eine der ersten physikalischen Theorien darstellte, die auf einer Differentialgleichung gründet, und dann durch die zahlreichen Forschungsarbeiten EULERs zwischen 1749–1752 auf ein sicheres Fundament gestellt wurden. Eine der erstaunlichsten Errungenschaften EULERs war die Berechnung der Reaktion, die durch das ein kreisendes Rohr fließende Wasser hervorgerufen wird; er tat dies im Zusammenhang mit dem Entwurf einer mit einem Wasserrad verbundenen Reaktionsturbine, und in ihm finden wir das erste Beispiel dessen, was später „Corioliskraft" genannt werden sollte. Die Turbine, die er 1754 entwickelte, mit all den spezifizierten Dimensionen ihrer Teile, wurde im Jahre 1944 tatsächlich gebaut; man fand, daß sie beinahe so gut ging wie die besten damals modernen Maschinen mit ähnlicher Kapazität und hydraulichem Druck. Diese Forschungsarbeiten sind heute besonders dank MIKHAILOV weitherum bekannt gemacht und allgemein bewundert worden.

Selbst vor 1754 hatten die Feldtheorien für Strömungen idealer Flüssigkeiten sich zu entwickeln begonnen, zuerst in D'ALEMBERTs *Überlegungen über die allgemeine Ursache der Winde* (1747), dann in seinem *Essay über eine neue Theorie des Widerstandes von Fluiden* (1749), beides unverständliche Werke, die kaum von jemandem gelesen wurden, als sie erschienen.

EULER hat beide gesehen und widmete beiden genügend Aufmerksamkeit, um für das erstere die Übergabe eines Preises zu empfehlen und denselben für das zweite zu verweigern. S. S. DEMIDOV hat kürzlich beide studiert und geschlossen, daß sie wichtige Beiträge zur Theorie der partiellen Differentialgleichungen enthalten. Vor vielen Jahren habe ich sie zu verstehen versucht, aber konnte dem ersteren keinen Sinn abgewinnen. Aus dem zweiten gelang es mir, mehrere hydrodynamische Prinzipien und Theoreme herauszuziehen, deutliche Aussagen, die D'ALEMBERT zugewiesen werden können, und ich glaube, ich war der erste, der irgend etwas Spezifisches und Nützliches im Morast der verworrenen Worte D'ALEMBERTs über die Bewegung von Fluiden identifizierte, denen es die Geschichtsschreiber während zwei Jahrhunderten gewohnt waren, nebulös bedeutende aber unbewiesene Wichtigkeit zuzuweisen, womit sie gleichzeitig stillschweigend zugaben, daß sie der Mathematik in den Werken, die sie so speziell lobten, nicht folgen konnten. Obwohl EULER keine Dankesschuld diesen beiden Büchern gegenüber erwähnt, möchte ich trotzdem behaupten, daß er mit beiden tat, was er, wie CURTIS WILSON nahelegt, mit D'ALEMBERTs Buch über die Equinoxien tat, nämlich diejenigen Schlußfolgerungen aufzugreifen, die ihm wichtig schienen und sie dann auf seine Weise mit Annahmen Newtonscher Manier und indem er die Methoden, die sein Lehrer JOHANN BERNOULLI in der Hydraulik eingeführt hatte, herzuleiten: Bilanz aller Kräfte, einschließlich der Trägheitskräfte, die an einem infinitesimalen Element angreifen. Das ist Standardpraxis geworden. Später wird CAUCHY dasselbe tun für allgemeine Kontinuen, und FOURIER etwas ganz Ähnliches für die Wärmeleitung. Heute ziehen wir es vor, den Gaußschen Satz auf eine integrale Bilanzaussage anzuwenden. Ich denke, die früheren Berechnungen spezieller Bilanzen enthalten das Essentielle der Idee eines Divergenztheorems und sind daher Vorläufer des Theorems selbst.

Vor vielen Jahren publizierte ich eine Geschichte der Hydrodynamik, verfolgte die hauptsächlichsten Ereignisse, eines nach dem anderen, von ihren Anfängen bis 1788, dem Jahr, in welchem LAGRANGEs *Méchanique Analytique 1788, Mécanique Analytique, 2. ed. 1811, 1816* erschien. Ich werde jenes Buch heute nicht diskutieren.

EULERs Hydrodynamik hat ein Gerüst bereitgestellt, mit dessen Hilfe einigen der Ideen NEWTONs im Buch II der *Principia* eine mathematische Struktur gegeben worden ist. Ich beziehe mich hier speziell auf die Fortpflanzung von Wellen an der Oberfläche von inkompressiblen Flüssigkeiten und auf Schallwellen in Luft. Niemand im 18. Jahrhundert konnte einen überzeugenden Weg finden, wie NEWTONs viel zu kleiner Wert der Geschwindigkeit von Luftstörungen korrigiert werden könnte; diese Aufgabe ist LAPLACE überlassen worden, der das Konzept adiabatischer Prozesse als erster in einigermaßen mathematischer Form ausdrücken konnte (1816). Trotzdem waren DANIEL BERNOULLI und EULER in der Lage, ausgedehnte, exakte Behandlungen vieler akustischer Probleme zu geben, indem sie ihre Schlußfolgerungen in Abhängigkeit einer beliebigen Fortpflanzungsgeschwindigkeit formulierten; speziell berechneten sie die Frequenzen und Knoten der grundlegenden Moden vieler schwingender Systeme und drückten diese in dimensionslosen Verhältnissen aus, so z. B. für schwere Seile, Stäbe sowie gerade und gekrümmte Rohre. Am Ende ging EULER von verschiedenen partiellen Differentialgleichungen aus, die er zur Beschreibung der allgemeinen Bewegung all jener Körper entdeckt hatte, die DANIEL BERNOULLI und er zuerst mit der TAYLOR-BERNOULLI Methode, die ich gleich beschreiben werde, behandelt hatten. EULERs spätere Methoden anwendend hat LAGRANGE als ganz junger Mann hergeleitet, was heute die „Websterhorngleichung" genannt wird. Viele der Errungenschaften des 18. Jahrhunderts sind in RAYLEIGHs *Theory of Sound* dargestellt, einige mit andere ohne Hinweise; einige der feinsten werden von RAYLEIGH nicht einmal erwähnt.

EULERs hydrodynamische Theorien sind Feldtheorien, die ersten überhaupt; mit ihnen haben Generationen von Studenten die Hilfsmittel zur Behandlung von Feldgrößen gewonnen. EULER selbst hat sie zur Behandlung eines anderen der Newtonschen Probleme eingesetzt: Zur Beschreibung der Fortpflanzung des Lichtes und auf die Natur der Farben. EULER hat NEWTONs korpuskulare Ideen nahezu überall abgelehnt. Seine Theorie der Akustik verschaffte ihm ein mathematisches Hilfsmittel und eine Anzahl von Sätzen über infinitesimale Wellen, welche er leicht in Aussagen über Geschwindigkeiten und Formen von Wellen in einem lichterzeugenden Äther umsetzte. Da akustische Wellen in einem reibungsfreien Fluid nur transversal sein können, konnte EULERs Theorie den Fakten nicht entsprechen; und so ist sie denn bis vor kurzem, ohne eigentlich studiert zu sein, einfach zur Seite geschoben worden. DAVID SPEISER hat in einem ausgedehnten Essay, das sich zur Zeit im Druck befindet, gezeigt, wie wichtig die Konzepte und Methoden jener ersten mathematischen Theorie der Wellen im Äther waren und in welcher Schuld spätere Theorien ihr gegenüber standen.

Ich habe die großen Verdienste DANIEL BERNOULLIs und EULERs in Theorien schwingender Systeme erwähnt. Diese begannen in einer Periode, als partielle Differentialgleichungen noch nicht zur Verfügung standen. Um meine Ausführungen zu beenden, kehre ich jetzt in jene frühe Epoche zurück, in der die Ideen der *Principia* in der Unterrichtung jener Mathematiker – damals gerade nur ein paar – führend waren, die sie akzeptierten und die Fähigkeit hatten, diese anzuwenden. In der frühesten Periode war BROOK TAYLOR der beste von ihnen; er war kurz mit NEWTON assoziiert und kannte NEWTONs Werke gut, unter diesen einige sogar, die

Newton allgemein nicht zugänglich gemacht hatte. Er war zu seiner Zeit ein ungwöhnlicher englischer Mathematiker, denn er wohnte mehrere Male in Frankreich und unterhielt danach einen freundschaftlichen Briefwechsel mit einem französischen Mathematiker. Seine Schriften sind offensichtlich dunkel, obgleich nicht so verworren wie jene D'ALEMBERTs. Der Artikel von PHILLIP JONES über ihn im *Dictionary of Scientific Biography* erwähnt „die erstaunlich zahlreichen größeren Konzepte, die er antippte, in ihren Anfängen entwickelte, aber bei deren Ausarbeitung scheiterte...". Er starb jung. LENORE FEIGENBAUM hat sich für ihn eingesetzt, indem sie sein analytisches Werk sorgfältig studierte und es verständlich darlegte.

TAYLOR war es, der das Problem des *Monochordes*, eines Instrumentes mit nur einer einzigen gespannten Saite, die in transversale Schwingungen versetzt wird, als erster mathematisch behandelt hat. Sein Werk ist am besten durch sein bemerkenswertes Buch, *Methodus incrementorum* bekannt, das, erstmals 1715 publiziert, eine Ansammlung von kurzen Aufsätzen über verschiedene Themen der Analysis und Mechanik darstellt. Für seine Behandlung der schwingenden Saite benütze ich lieber seine erste diesbezügliche Veröffentlichung: „*Über die Bewegung einer gespannten Sehne*", *Philosophical Transactions* 1714, da man ihn in dieser Arbeit mit unbestimmten und unbekannten Prinzipien kämpfen sieht, die er in seinem Buch modifizierte, um seine Schlußfolgerungen mit seinem Ausgangspunkt etwas weniger inkompatibel erscheinen zu lassen als dies in seiner Arbeit der Fall war. Die „Gesetze" von „PYTHAGORAS", MERSENNE und GALILEO betreffend die Schwingungen einer klingenden Saite waren gut bekannt:

$$\text{Frequenz} \propto \frac{1}{l}\sqrt{\frac{T}{\sigma}}$$

worin $l$ die Länge, $T$ die Zugspannung und $\sigma$ die Dichte pro Längeneinheit bezeichnen. Diese Gesetze bezogen sich auf die Grundfrequenz, sind aber natürlich auf alle Eigenfrequenzen anwendbar, und heute ziehen wir die gleichen Schlußfolgerungen allein durch Anwenden der Dimensionsanalyse. TAYLORs Problem war die Ersetzung der Proportion durch eine Gleichung mit einem spezifischen numerischen Faktor. Er begann, indem er die Saite aus ihrer anfänglichen Ruhelage in Form eines gleichschenkligen Dreiecks losließ; er wiederholte also (vielleicht ohne es zu wissen) die Bedingungen von BEECKMAN (1614–1615) und anderer früherer Autoren, siehe Abb. 1. So eine anfängliche Gestalt, allerdings nicht in Form eines gleichschenkligen Dreiecks, wird erzeugt, wenn man eine Taste eines Cembalos sehr langsam anspielt. Wenn ein Ingenieur dieses Problem heute sieht, denkt er an harmonische Analyse, worüber im Jahre 1714 niemand etwas wußte.

# Prob. 1.

## *Definire motum Nervi tenſi.*

In hoc Proble-
mate & ſequen-
tibus pono Ner-
vum moveri per
ſpatium mini-
mum ab axe
motûs; ut incre-
mentum tenſio-
nis ex auctâ longitudine, item obliqüitas radiorum curva·
turæ poſſint tutò negligi.

Itaq; extendatur Nervus inter puncta: A & B; & plectro deducatur punctum z ad diſtantiam C z ab axe A B.
Tum amoto plectro, ob flexuram in puncto ſolo C, illud
primum incipiet moveri (*per Lemma* 2.)   At ſtatim

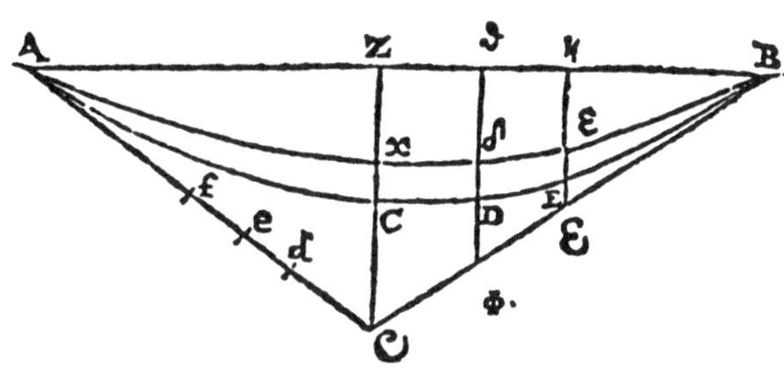

Bild 1. Taylors monochord, 1713

TAYLOR hatte NEWTONs Idee, daß die Trägheitskraft pro Einheitsmasse
an einem Körper die umgekehrte Beschleunigung eben dieses Körpers war,
verstanden, und er war es, der diese Idee auf einen wahrhaft infinitesimalen
Körper anwendete, nämlich das differentielle Element eines Bogens einer
Saite, genau das Beispiel, das im *Oxford Dictionary* erwähnt ist und mit
einer Erwähnung aus einem späteren Lehrbuch illustriert wird. TAYLOR
konnte umgekehrte Beschleunigungen nicht den statischen Kräften zuzählen,
ohne die letzteren zuerst zu bestimmen, was ihm auch gelang. Aus einer
Bilanz der Normalkräfte am Element, angedeutet in Abb. 2, schloß er, daß
es, um Gleichgewicht herzustellen, nötig war, daß

$$\text{Normalkraft pro Längeneinheit} = -\frac{T}{r},$$

worin $T$ die Vorspannung und $r$ den Krümmungsradius bezeichnen. Diese
Aussage war für den Zug eines um einen Kreiszylinder gewundenen Bandes
bekannt.

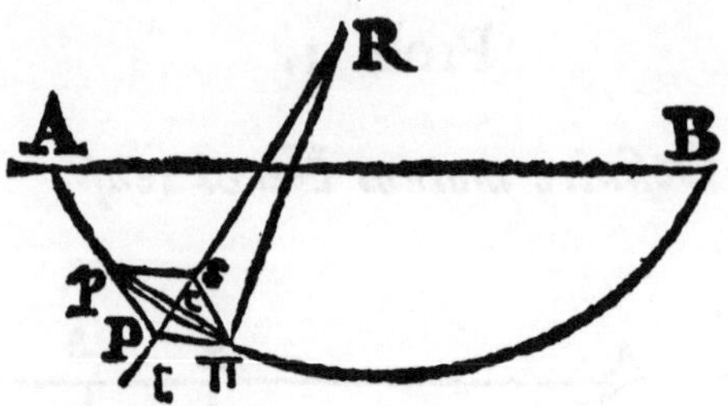


Bild 2. Taylors Bilanz der Normalkräfte, 1713, 1715

HUYGENS hat in seinem Buch *Horologium Oscilatorium* (1673) ein allgemeines Konzept des Kurvenradius einer ebenen Kurve gegeben und hat ihn auch berechnet. Vielleicht hat TAYLOR das aus Arbeiten von NEWTON gelernt. TAYLORs Aussage kann ausgedrückt werden als eine von zwei Gleichgewichtsdifferentialgleichungen eines biegsamen, ebenen gekrümmten Stabes, die JAKOB BERNOULLI im Jahre 1679/80 bereits hergeleitet hatte, die aber noch nicht publiziert waren, als TAYLOR seine Arbeit schrieb. Beide sollten schließlich 1716 im Buch von HERMANN, einem Studenten BERNOULLIs erscheinen.

Indem TAYLOR zu den Normalkräften die umgekehrten Normalbeschleunigungen hinzuzählte, hat er erhalten, was man heute als eine der zwei partiellen Differentialgleichungen der ebenen Bewegung der Saite kennt, nämlich:

$$\sigma a_n \propto \frac{T}{r},$$

wo $a_n$ die Normalbeschleunigung bezeichnet.

Obwohl 1714 partielle Ableitungen all jenen bekannt waren, die sich in den himmlischen Höhen der Analysis bewegten, war die Kenntnis von partiellen Differentialgleichungen kein Allgemeingut. TAYLOR wußte nicht, was er mit seinen korrekten Schlußfolgerungen tun sollte, die er durch eine Kombination der ‚kontinentalen' Statik mit NEWTONs dynamischem Prinzip erhalten hatte. Durch Einschränkung seiner Aussage auf kleine Transversalschwingungen hätte er die Annäherung

$$\sigma \frac{\partial^2 y}{\partial t^2} = T \frac{\partial^2 y}{\partial x^2}$$

erhalten können; er hat das jedoch nicht gemacht. Statt dessen wandert er in einen Sumpf spezieller Annahmen und Fehler, dabei immer die anfänglich dreieckige Form des Monochordes ins Auge fassend.

Indem TAYLOR im wesentlichen mißachtet, was er gerade bewiesen hat, beginnt er dann von Neuem. In seiner etwas verworrenen Art nimmt er an, daß jeder Punkt der Saite wie ein einfaches Pendel oszilliert, und daß all diese unendlich vielen Pendel eine und dieselbe Frequenz haben. Zusätzlich setzt er voraus, daß die größte Verschiebung im Mittelpunkt der Saite auftritt; stillschweigend nimmt er an, daß dieses Maximum an keinem anderen Punkt auftreten kann. Seine Schlußfolgerung ist:

$$\nu = \nu_T := \frac{1}{2l}\sqrt{\frac{T}{\sigma}}\,.$$

Der Faktor 1/2 ist das Neue und Wesentliche in dieser Formel. TAYLORs Folgerung, richtig für den fundamentalen Mode, ist ein Triumph der Rationalen Mechanik, oder der mathematischen Physik, wenn man so will.

Es ist eigenartig, daß TAYLOR die höheren Moden allesamt verpaßte. Einige britische Musiker hatten die Töne einiger von ihnen, die mit der Grundschwingung einherklangen, ausgemacht, und SAUVEUR hat in seiner Abhandlung ihre Tonhöhen mit der Modenzahl korreliert und hat also gezeigt, wie man die ersten paar Knoten auf dem Monochord erzeugen kann (Abb. 3.) Ebenso kann niemand übersehen, daß TAYLOR, obwohl er mit der anfänglich dreieckigen, dem Monochord angepaßten Saitenform begann, mit einer sinusförmigen Form endete. In seiner revidierten Fassung, die er in *Methodus incrementorum* präsentiert, erwähnt er die dreieckige Figur nicht mehr.

Keiner hätte die *Principia* besser verstehen können als TAYLOR. In ihnen behandelt NEWTON die einfache harmonische Bewegung kaum, und wenn er

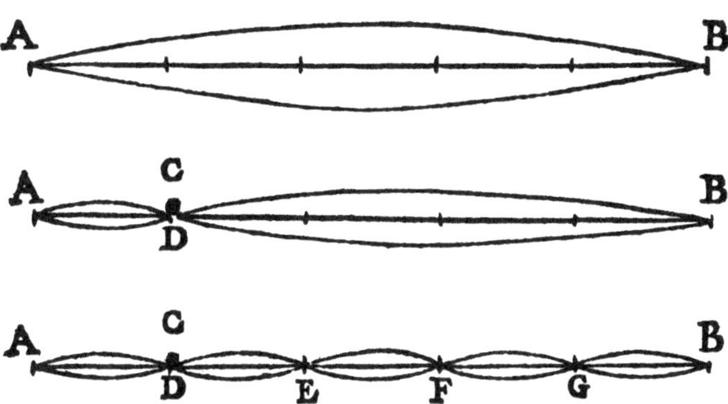


Bild 3. Sauveurs Illustration der Erzeugung von Obertönen in schwingenden Saiten (1701, experimentell)

es tut, nur im Grenzfall der Bewegung entlang einer Ellipse. Wenn Newton in irgend einem Teil der Mechanik eine Schwäche hatte, dann war es in der Statik; er erwähnte die bekannten Eigenschaften der Hängebrücken nicht, er beteiligte sich in keiner Weise am Wettbewerb, die Kettenlinie zu finden (1692), und er hat die allgemeine Theorie der biegsamen gekrümmten Stäbe nicht entwickelt. Ich möchte auch daran erinnern, daß TAYLOR, obwohl er auf die Newtonschen Prinzipien zurückgriff, als er seine einzige Bewegungsgleichung herleitete, diese Gleichung nicht benutzte. TAYLORs Originalität und Errungenschaften waren in seiner Behandlung der schwingenden Saite von großer Bedeutung, trotz seiner Fehler und Versehen.

Während TAYLORs Berechnung der spezifischen Konstanten, welche die Frequenz des Grundtones bestimmte, zu sofortiger Anerkennung kommen mußte, kann ich vor der Periode, als EULER unter JOHANN BERNOULLIs Führung studierte, keinen Einfluß finden, den seine Analyse der schwingenden Saite auf weitere, korrekte Arbeiten, ausgeübt hätte. Im Jahre 1726 schrieb DANIEL BERNOULLI aus Petersburg dem damals erst 19jährigen EULER über das „große und abstruse Argument" TAYLORs, eines „äußerst scharfsinnigen englischen Geometers". EULER erwähnte in seiner zweiten Arbeit *Physikalische Abhandlung über Schall* (1727) TAYLORs Schlußfolgerung. Er hatte bereits eine fehlerhafte Fortpflanzungsschnelligkeit gerechnet, die sein Lehrer korrigiert hatte. Am 24. Mai desselben Jahres kam EULER in Petersburg an; er war mit HERMANN befreundet, und bald trat er in freundschaftliche Konkurrenz mit DANIEL BERNOULLI; beide hatten miteinander Vieles auszutauschen, Physik für mathematische Analyse und umgekehrt. Im Oktober desselben Jahres schrieb JOHANN BERNOULLI an seinen Sohn DANIEL, daß er TAYLORs Folgerung mit Hilfe eines Energieprinzips bestätigt habe; im Jahre 1728 sandte er seinem Sohn zwei Briefe zur Veröffentlichung, von denen der eine im wesentlichen eine Methode enthält, mit der man das Taylorsche Resultat leicht und aus festgesetzten Annahmen erhält. Dasselbe Vorgehen gestattete JOHANN BERNOULLI, auch die Transversalschwingung einer durch $n$ gleiche und äquidistante Massen belastete Saite zu behandeln. Er berechnete die Grundfrequenz für die Fälle $n = 1, 2, 3, 4$ und 5. Es ist erstaunlich, daß selbst zu dieser späten Zeit ein großer Mathematiker für die höheren Moden blind sein konnte, die offen dalagen, um von seinem Geiste aufgegriffen zu werden, wenn er es nur wollte.

JOHANN BERNOULLIs Methode, reduziert auf ihr Wesentliches und in moderner Sprache ausgedrückt, ist in Abb. 4 dargestellt; TAYLORs Problem, auch in allgemeinen Termen ausgedrückt und im Detail erklärt, ist in Abb. 5 zusammengefaßt. Wenn also die Forderung der maximalen Amplitude in der Mitte fallengelassen wird, liefert die Taylor-Bernoulli-Methode alle Eigenschwingungen und ihre zugehörigen Eigenfrequenzen. Im Jahre 1746 wird

TAYLORs Idee (1713), von JOHANN BERNOULLI I im Jahre 1727 neu formuliert und hier in moderner, von Details befreiter Sprache formuliert:

Man nehme an, daß jedes Element wie ein einfaches Pendel schwingt mit einer *gemeinsamen* Frequenz.

1. Das *Pendel* ist in $(x, y(x))$ von einer Rückstellkraft $-k\sigma y(x)$ angetrieben. $\sigma =$ Liniendichte; $k =$ const., unabhängig von $x$.

2. Mit Hilfe der Statik berechne man die Rückstellkraft als Funktion von $y$.

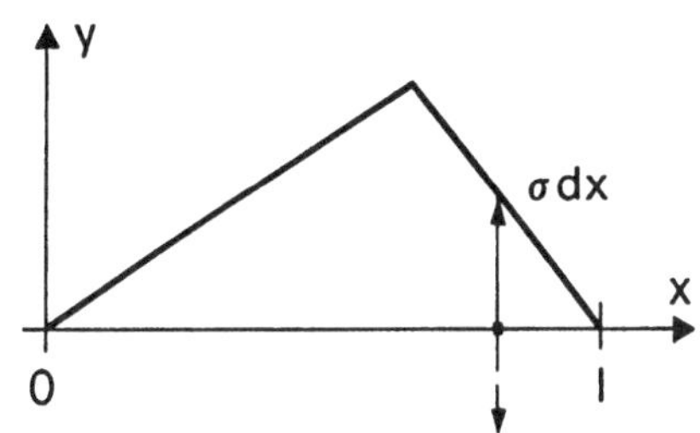

3. Man kombiniere 1.& 2., um eine *Differentialgleichung* für $y(x)$ zu erhalten und integriere diese.

4. Die Endbedingungen bestimmen k.

**Bild 4.** Taylors Berechnungsmethode der schwingenden Saite)

---

**Illustration der TAYLOR-BERNOULLI Methode:** **Das Monochord**

Rückstellkraft $= T/r \approx Ty''$, $T =$ Zugkraft, $r =$ Krümmungsradius

Also:

$$Ty'' = -k\sigma y \quad \Rightarrow \quad y \propto \sin\left(\sqrt{\tfrac{k\sigma}{T}}x\right).$$

Randbedingung: $y = 0$ für alle $t$ in $x = l$.

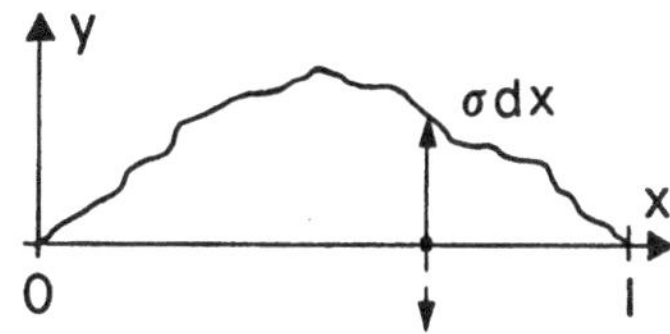

| Taylor-Bernoulli | tatsächlich |
|---|---|
| Man *nehme* die maximale Auslenkung in der *Mitte*, und *nur* dort, an. Dann gilt: $\sqrt{\tfrac{k\sigma}{T}}l = \pi,$ oder $\sqrt{k} = \tfrac{\pi}{l}\sqrt{\tfrac{T}{\sigma}},$ $\nu = \nu_T := \tfrac{1}{2\pi}\sqrt{k} = \tfrac{1}{2l}\sqrt{\tfrac{T}{\sigma}}$ | $\pi, 2\pi, 3\pi, \ \ldots$ <br><br><br><br> $\nu_T, 2\nu_T, 3\nu_T, \ \ldots$ |

**Bild 5.** Taylor-Bernoulli-Methode

D'ALEMBERT zeigen, wie diese Schlüsse aus einer eindimensionalen linearen Wellengleichung für infinitesimale transversale Bewegungen folgen; um das zu erreichen, wird er die Methode der Variablentrennung einführen.

D'ALEMBERTs Theorie kann in keiner offensichtlichen Weise auf kompliziertere schwingende Kontinua erweitert werden. Wie wir gleich sehen werden, ist das Vorgehen TAYLORs und BERNOULLIs auf viele andere, kleinen Schwingungen ausgesetzte Systeme anwendbar. BERNOULLIs Neuformulierung war nicht vor 1732 veröffentlicht. Für mindestens drei Jahre hatten DANIEL BERNOULLI und EULER die Taylor-Bernoulli-Methode für sich behalten und ausschöpfen können, aber sie hatten das nicht getan, vielleicht aus Achtung für ihren Lehrer; die Methode, übrigens die einzige bekannte vor 1749, ruhte auf der Berechnung der Rückstellkraft an jedem Element eines verformten Körpers. So erhaltene Lösungen konnten nicht als Illustrationen Newtonscher Mechanik aufgefaßt werden, aber die Folgerungen waren klar und eindeutig; in einigen Fällen konnten sie mit experimentellen Daten verglichen werden und sind dann als gut erkannt worden. Die meisten dieser Arbeiten sind von 1733 an von DANIEL BERNOULLI und EULER gemacht worden; EULER hat die Taylor-Bernoulli-Methode verworfen, sobald partielle Differentialgleichungen – d. h. Feldtheorien – zugänglich wurden, aber DANIEL BERNOULLI, der diese Dinge als abstrakt und unbrauchbare, reine Mathematik betrachtete, hat das Taylor-Bernoulli-Verfahren weiterhin gebraucht, z. B. in seiner Theorie der Flöten und Orgelpfeifen.

Es war auch DANIEL BERNOULLI, der auf diese Weise die größten Entdeckungen machte. Seine erste erfolgte im Jahre 1733, gerade bevor er Petersburg verließ und zu seiner „guten alten Schweizer Luft" in Basel zurückkehrte.

BERNOULLIs Diagramm, im Jahre 1740 veröffentlicht und hier als Abb. 6 wiedergegeben, spricht für sich selbst. Es enthält die zwei und drei-modigen Formen eines durch zwei, bzw. drei Gewichte beanspruchten Seils und die drei ersten Eigenformen eines kontinuierlichen, schweren Seils. DANIEL BERNOULLIs Berechnungen der Schwingungsformen und -frequenzen führen ein, was jetzt als „Laguerre Polynome" und „Besselfunktionen" bekannt ist; EULER würde sehr bald eine vollständige Behandlung für beliebig viele Gewichte und für kontinuierliche Seile mit variabler Dichte geben.

In den Jahren 1733–35 würden DANIEL BERNOULLI und EULER in fast gleicher Manier die Eigenfrequenzen und -formen elastischer Stäbe unter kleinen transversalen Schwingungen berechnen. Das waren die größten Triumphe der Taylor-Bernoulli-Methode. Die Schwingungen der Seile konnten gesehen, aber nicht gehört werden, jene der Stäbe jedoch gehört, aber nicht gesehen werden.

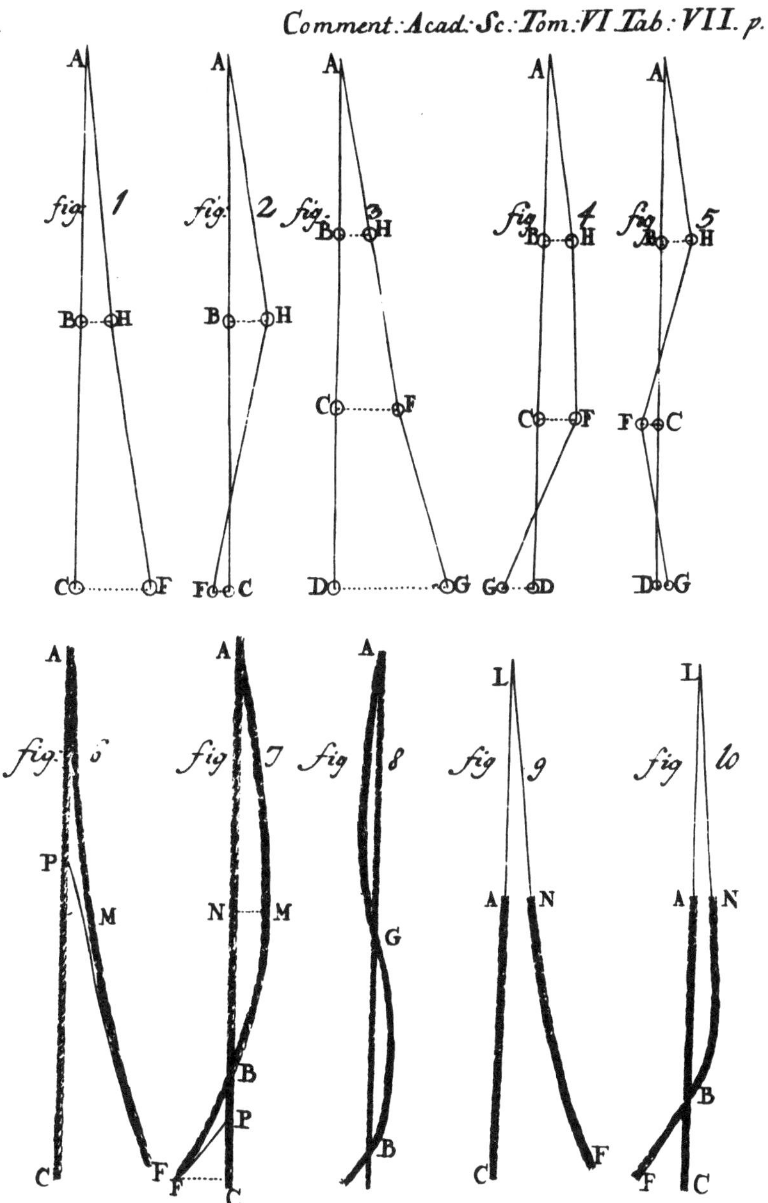



Bild 6. Daniel Bernoullis Darstellung der Schwingungsmoden des belasteten und des kontinuierlichen Seils

Für beide Systeme verlangten die Versuche vom Experimentator von der Theorie her zu wissen, wo die Knoten sein sollten, um einen gewissen, gewünschten Mode anzuregen. Anderswo sagt uns DANIEL BERNOULLI, daß er eine Theorie immer zuerst aufstellte und entwickelte und sie erst dann im Experiment testete. Gewöhnlich gibt er sehr wenig, nicht einmal die Größe seines Apparates oder wieviele Versuche er machte, oder mit welchen Veränderungen der Details und der Beispiele er operierte. So war auch GALILEOs Vorgehen bei mechanischen Experimenten.

D'ALEMBERTs einzige Wellengleichung von 1746 stellt nur infinitesimale transversale Störungen dar. Um die allgemeine ebene Bewegung eines verformbaren gekrümmten Stabes zu bestimmen, muß man, wie ich bereits gesagt habe, die Kräftebilanz in zwei verschiedenen Richtungen aufstellen, nicht nur eine einzige. Diese Bilanz ist zuerst von EULER beschrieben worden, vielleicht stimuliert durch die zwei Manuskripte D'ALEMBERTs, die damals in Berlin zur Veröffentlichung bereitstanden. Ich habe oben EULERs Abhandlung „über die Bewegung verformbarer Körper", die 1744 vorgelegt wurde, als die erste Arbeit bezeichnet, in der die Differentialgleichungen, die man jetzt die Newtonschen nennt, für ein System mehrerer Freiheitsgrade, erschienen. EULERs erstes Beispiel ist das masselose Seil, das mit $n$ gleichen Massen gleichen Abstandes belastet ist; das ist genau das von LAGRANGE behandelte System, für welches er 15 Jahre später großen, wenn auch etwas trüben Ruhm ernten sollte. In jener Arbeit schrieb EULER „...selbst die Grundprinzipien, aus denen die Bewegung verformbarer Körper zu bestimmen ist, bleiben unbekannt. Obwohl der in der Tat am meisten gefeierte DANIEL BERNOULLI und ich die oszillierende Bewegung solcher Körper mit Erfolg erklärt haben, konnten wir dies, da wir nur sehr kleine Schwingungen betrachteten, trotzdem nur tun, ohne die wahren Prinzipien zu gebrauchen, weil die Prinzipien der Statik genügten." Diese Aussage nimmt selbstverständlich auf das Taylor-Bernoulli-Verfahren Bezug. Indem EULER das letztere verwarf und an seine Stelle die allgemeine Idee dessen setzte, was er später als sein „Neues Prinzip der Mechanik" nannte, erhält er hier allgemeine Differentialgleichungen, denen die Winkel zwischen benachbarten geraden Seilstücken gehorchen; er kann sie nicht lösen. Statt dessen denkt er sich einen genialen Grenzübergang für $n \rightarrow \infty$ aus, in welchem der Abstand der Massen derart gegen Null geht, daß das Produkt aus Masse und Abstand konstant bleibt. Diese großartige Forschungsarbeit hatte 7 Jahre zu warten, bevor sie veröffentlicht werden konnte. Als sie erschien, war die Kontroverse über die Funktionen, die als Lösungen der linearen Wellengleichung zugelassen werden konnten, sehr heiß, und niemand schien sich um allgemeine Bewegungen zu kümmern. Anscheinend lag EULERs erstaunliche Analyse über die belasteten und verformbaren Körper für 216 Jahre brach.

Im Jahre 1959 habe ich gezeigt, daß EULERs System der partiellen Differentialgleichungen für die allgemeine ebene Bewegung eines biegsamen Seiles in das folgende System zur Bestimmung von $x, y$ und $T$ in Abhängigkeit der Bogenlänge $s$ und der Zeit $t$ überführt werden kann:

$$\sigma \frac{\partial^2 y}{\partial t^2} = \frac{\partial}{\partial s}\left(T\frac{\partial y}{\partial s}\right), \quad \sigma \frac{\partial^2 x}{\partial t^2} = \frac{\partial}{\partial s}\left(T\frac{\partial x}{\partial s}\right), \quad \left(\frac{\partial x}{\partial s}\right)^2 + \left(\frac{\partial y}{\partial s}\right)^2 = 1,$$

$$T = \frac{\partial x}{\partial s}\left[T_0\frac{\partial x}{\partial s}\bigg|_{s=0} + \int_0^s \sigma\frac{\partial^2 x}{\partial t^2}ds\right] + \frac{\partial y}{\partial s}\left[T_0\frac{\partial y}{\partial s}\bigg|_{s=0} + \int_0^s \sigma\frac{\partial^2 y}{\partial t^2}ds\right],$$

wo $\sigma$ die Liniendichte, eine vorgegebene Funktion, bezeichnet. Das sind die korrekten Gleichungen für die allgemeine Bewegung. Solcher Art sind die Konsequenzen der Newtonschen Prinzipien, wenn sie auf *jeden Teil* eines biegsamen Körpers angewendet werden. Wenn EULERs System linearisiert wird für kleine transversale Bewegungen, dann reduzieren sich die zweite und dritte partielle Differentialgleichung auf die Aussage $T =$ konstant, $s = y$, und man gewinnt D'ALEMBERTs lineare Gleichungen zurück. Die Gleichungen in obiger Form sind übrigens von LAGRANGE im Jahre 1760 entdeckt worden.

TAYLORs eigenes anfängliches Problem, in welchem er die Töne und die Formenfolge des Monochordes, das in eine dreieckige Form gezupft war, bestimmen wollte, war für seine Methode außer Reichweite. Das Problem wurde im Jahre 1772 von EULER gelöst, der als Grundlage seine eigene, die D'Alembertsche partielle Differentialgleichung verallgemeinernde Lösung benutzte. Im Jahre 1877 hat CHRISTOFFEL eine Lücke in EULERs Argument entdeckt. Während die partiellen Differentialgleichungen nämlich die Impulsbilanz in der Form Newtonscher Ideen ausdrücken, besteht keine Gewißheit, daß diese Bilanzen auch in Ecken, wie der Dreieckspitze, erfüllt ist. CHRISTOFFEL, ein Pionier im Studium der Fortpflanzung von Unstetigkeiten in kontinuierlichen Medien, war imstande, die Sprungbedingungen für ein Seil mit Ecken zu formulieren und zu zeigen, daß EULERs Gleichungen diese Bedingung erfüllten. So sind letztlich die Unstetigkeiten und die glatten Bewegungen zusammengefügt worden.

Ich beende diese Ausführungen, indem ich die berühmteste falsche Behauptung über Newtons *Principia* erwähne, jene, von ERNST MACH in seinem Buch „*Die Mechanik, historisch kritisch dargestellt*", (neunte Auflage, Neudruck, Wissenschaftliche Buchgesellschaft, Darmstadt, 1963)

> „Die Newtonschen Prinzipien sind genügend, um ohne Hinzuziehung eines neuen Prinzips jeden praktisch vorkommenden Fall, ob derselbe nun der Statik oder der Dynamik angehört, zu durchschauen." (Seite 272, Kap. 3)

Ebenso:

> [NEWTON hat] „die Aufstellung der heute angenommenen Prinzipien der Mechanik zu einem Abschluß gebracht. Nach ihm ist ein wesentlich neues Prinzip nicht mehr ausgesprochen worden. Was nach ihm in der Mechanik geleistet worden ist, bezog sich durchaus auf die deduktive, formelle und mathematische Entwicklung der Mechanik auf Grund der Newtonschen Prinzipien."
> (Seite 179, Kap. 2)

Im Jahre 1733 hat DANIEL BERNOULLI bezüglich der mit zwei Gewichten belasteten Saite geschrieben:

> Die Prinzipien, auf die man sich in der Mechanik gewöhnlich beruft, scheinen für dieses Geschäft nicht auszureichen.

Um besondere Probleme der Mechanik zu lösen, führte DANIEL BERNOULLI Prinzipien ein, die er als neu betrachtete, und EULER hat immer wieder den Mangel an Prinzipien beklagt, z. B. um die Gleichungen eines sich drehenden Kreisels zu erhalten. Da BERNOULLI und EULER die *Principia* praktisch auswendig kannten, denke ich, ihr Urteil überwiegt dasjenige von MACH, dessen Aussage mir übrigens recht einfältig erscheint, ein Affront an die Geschichte. In der Tat, sie verletzt NEWTON, da sie es versagt, NEWTONS Bestehen auf der Anwendung strikter Mathematik in den Naturwissenschaften anzuerkennen und zu berücksichtigen, wie sie in dessen eigenen Errungenschaften dargelegt ist; sie versagt sich des weiteren, die enorme Schuld anzuerkennen, in der wir den *Principia* gegenüber stehen, für den Einblick, den sie, und im speziellen Buch II, im Bereich der Mechanik uns gewähren, einem Buch, das vieler und ausreichender Prinzipien bedurfte, die aber erst durch die Nachfolger wirklich gefunden werden konnten und auch gefunden worden sind.

ANMERKUNG: Die hier ins Deutsche übertragene Vorlesung ist zum einen am 1. Juli 1987 in Cambridge am Symposium „*300 years of gravitation*" gehalten worden, zum anderen am 13. Oktober 1987 an der „*International conference dedicated to the tricentenary of the publication of* NEWTONs *Principia*", Akademie der Wissenschaften der UdSSR, Moskau. Eine Übersetzung ins Russische unter Leitung von Professor VLADIMIR KIRSANOV wird zur Zeit zur Veröffentlichung vorbereitet.

## Literatur

Der Inhalt dieser hier abgedruckten Vorlesung schöpft aus vielen Quellen. Die meisten, wenn auch nicht alle dieser Quellen sind in meinen Arbeiten über verschiedene spezielle Themen enthalten.

1. *Rational fluid mechanics, 1687–1765*, pp VII-CXXV in: Leonhardi Euleri opera omnia, Serie II, Band 12, Zürich, Orell Füssli, 1954.
2. I. *Die ersten drei Kapitel von Eulers Werk über Strömungsmechanik* (1766).
II. *The theory of aerial sound, 1687–1788*
III. *Rational fluid mechanics, 1765–1788*, pp VII-CXVII in: Leonhardi Euleri opera omnia, Serie II, Band 13, Zürich, Orell Füssli, 1956.
3. *The rational mechanics of elastic or flexible bodies, 1638–1788*. Leonhardi Euleri opera omnia, Serie II, Band 11, Teil 2, Zürich, Orell Füssli, 435 pp., 1960.
4. *Essays in the History of Mechanics*, New York, Springer Verlag, (X) und 384 pp., 1968.
5. *An Idiot's Fugitive Essays on Science, Methods, Training, Criticism, Circumstances*, second printing, revised and augmented, Springer Verlag, New York, 1987.

# Newtons „Principia" und die zeitgenössischen Mathematiker auf dem Kontinent [1]

*Emil A. Fellmann, Basel*

> *Elephants are always drawn smaller*
> *than live – but fleas bigger.*
> Jonathan Swift

## I

Mein Herkunftsort weckt vielleicht bei Ihnen die Erwartung, daß ich Ihnen Neues über die Bernoulli-Dynastie zu unserem heutigen Thema mitteile. Doch in dieser Hinsicht muß ich Sie gleich zu Anfang enttäuschen. Die vorhandenen Materialien sind nämlich von Ihren Spezialisten weitgehend ausgeschöpft worden; dabei denke ich in erster Linie an die letzten drei Bände der von ihnen so vorbildlich edierten *Correspondence of Isaac Newton* [2], an die mustergültige achtbändige Ausgabe der *Mathematical Papers of Isaac Newton* [3] wie auch an eine Reihe von Monographien und Abhandlungen verschiedener Gelehrter zu unserem Thema. Da ich Ihnen – und schon gar nicht den spezialisierten Wissenschaftshistorikern unter Ihnen – nur wenig bis nichts Neues bieten kann, was nicht schon irgendwo gedruckt vorliegt, werde ich versuchen, wenigstens eine knappe synoptische Schau auf die Rezeption von NEWTONs *Principia* durch einige wichtige kontinentale Gelehrte zu vermitteln. Allerdings kann ich nur vereinzelt auf mathematisch-technische Details eingehen, insofern dies die verfügbare Zeit erlaubt.

In seiner eindrücklichen *Ninth Gibson Lecture* [4] vom Oktober 1969 stellte D. T. WHITESIDE fest, daß „in NEWTON's own lifetime only a handful of talented men working without distraction at the frontiers of current research – the Dutch scientist CHRISTIAAN HUYGENS, the German *uomo*

[1] Die vorliegende Darstellung ist die deutsche Fassung eines am 30. Juni 1988 anläßlich des von der Royal Society veranstalteten Symposiums „Newton's *Principia* and its Legacy" gehaltenen Vortrags mit dem Titel „The *Principia* and continental mathematicians". Die englische Originalfassung erschien erstmals in *Notes and Records of the Royal Society*, vol. 42, part I (1988), dann in der Monographie NEWTONs ,*Principia*' and *its legacy* (Proceedings of a Royal Society discussion meeting held on 30 June 1987, London 1988). – Da der Autor über kein Manuskript seines in Darmstadt gehaltenen Vortrags „Die Marginalnoten von Leibniz in Newtons ,Principia' verfügte, sich dessen Inhalt jedoch mit etwa 50 % des Londoner Vortrags deckt, übernehmen wir gerne diese deutsche Version. Der *Royal Society* sprechen wir unseren Dank aus.

*universale* LEIBNIZ, the French priest PIERRE VARIGNON, the Huguenot expatriate ABRAHAM DE MOIVRE and Newton's most able editor ROGER COTES – had, each in his own way, achieved a working knowledge of the *Principia's* technical content". Im großen und ganzen folge ich auch etwa in der ersten Hälfte dieser knappen Stunde diesem ‚Programm', doch werde ich hier den ‚Fuchs' JOHANN BERNOULLI einbeziehen, hingegen den gleichaltrigen DE MOIVRE hinsichtlich der *Principia* nicht als ‚kontinentalen Mathematiker' betrachten, da er ungefähr seit dem Erscheinen von NEWTONs *opus summum* für den Rest seines langen Lebens in England wirkte und lebte [5]. Gleicherweise werde ich den gebürtigen Basler NICOLAS FATIO DE DUILLIER als ‚Insulaner' betrachten und ihn in meiner Darstellung ausklammern, obwohl sich zweifellos sehr viel Interessantes über ihn sagen ließe.

## II

Beginnen wir mit CHRISTIAAN HUYGENS (1629–1695), dem Ältesten aller ernsthaften *Principia*-Rezipienten auf dem Kontinent. Alles Wesentliche über die wissenschaftlichen Beziehungen zwischen HUYGENS und NEWTON findet sich gründlich verarbeitet im Band VI von WHITESIDEs großer Edition, in RUPERT HALLs schöner Studie von 1976 [6], im dritten Band von NEWTONs *Correspondence*, in der großen HUYGENS-Ausgabe [7] sowie in einigen vorzüglichen Arbeiten im HUYGENS-Symposiumsband von 1979 [8].

Erinnert sei zunächst mit A. R. HALL [6; 45–47] an den Umstand, „that HUYGENS was thirteen years older than NEWTON, that HUYGENS had already wide reputation when NEWTON was still a schoolboy and that when HUYGENS read the *Principia mathematica* [in winter 1680], his scientific style was well established" [9], spätestens seit dem Erscheinen seines Meisterwerkes *Horologium oscillatorium* [10], auf welches NEWTON mehr als einmal zurückgegriffen hat. (Newtons eigenes Exemplar – versehen mit der handschriftlichen Widmung von HUYGENS – ist übrigens bei Ihnen hier vorhanden, und MARIE BOAS HALL schilderte NEWTONs erste Reaktion auf HUYGENS' Hauptwerk trefflich [11].

Es ist allgemein bekannt, daß HUYGENS durch sein konservatives Festhalten an seiner strikt geometrischen Auffassung der infinitesimalmathematischen Probleme gehindert wurde, die entscheidenden Neuerungen im Infinitesimalkalkül mitzuvollziehen im Sinne von NEWTON und LEIBNIZ, und ganz ähnlich erging es ihm in der Dynamik: sein Festhalten an mechanistischen Prinzipien im Sinne einer – wenn auch modifizierten – Auffassung der Materie und des Kosmos hinderte HUYGENS daran, die Hauptresultate zu erzielen, die NEWTON in seinem großen Werk dargestellt hat. Dennoch erkannte HUYGENS sofort die ungeheure Bedeutung der *Principia*, auch wenn er sich entschieden NEWTONs Gebrauch einer Attraktionskraft als einem fundamentalen Erklärungsprinzip widersetzte. Für das Auftreten von der-

artigen Attraktionskräften verlangte HUYGENS für sich stets eine weiterge-
hende, mechanistische Erklärung, obwohl der mechanistische Gesichtspunkt
in HUYGENS' frühen Studien viel eher bloß als Quelle der Inspiration von
Wichtigkeit war denn als Erklärungsprinzip, und tatsächlich ist auch das
*Horologium oscillatorium* völlig frei von mechanistischer Philosophie [12]. –
Zur Einschätzung der wichtigen Rolle, welche die (quasikartesische) Wirbeltheorie in den Konzeptionen von HUYGENS gespielt hat – ich erinnere bloß
an die Entdeckung der Saturnringe und an die Doppelbrechung im Kalks-
pat – konsultiere man das ungewöhnlich reichhaltige Buch von ERIC AITON
[13].

HUYGENS' berühmt gewordener Besuch in England vom Sommerquartal
1689 – zu einer Zeit übrigens, in welcher LEIBNIZ die *Principia* noch nicht
gelesen hatte (ich werde bald ausführlicher darauf zurückkommen) – zeitigte
zwei Folgen von größter Wichtigkeit:

1. HUYGENS publizierte 1690 endlich seinen seit 1678 unvollendet bereit-
   liegenden *Traité de la lumière* mit seinem (neuen) Anhang *Discours
   de la cause de la pesanteur*. „Whithout that visit to England it seems
   probable that he [HUYGENS] would never have had the energy to com-
   plete these works", schrieb Mrs. HALL [11: 79], und ich glaube, daß sie
   damit recht hat.

2. Erst durch die *Principia*-Lektüre und im direkten Kontakt mit NEW-
   TON bekehrte sich der „erste und originelle Neo-Cartesianer" HUY-
   GENS zur Annahme der Ellipsenbahn für Planeten im Sinne der ersten
   beiden Keplergesetze. Auf den ersten Blick mag dies vielleicht ver-
   wundern, doch bei genauerem Hinsehen muß man bemerken, daß die
   Akzeptanz bzw. Rezeption dieser zwei (innerlich engverbundenen) Gesetze im 17. Jahrhundert sehr zögernd und langsam erfolgte – selbst
   durch NEWTON (!), wie TOM WHITESIDE in seiner erhellenden Studie *Newton's early thoughts on planetary motion: a fresh look* [14]
   überzeugend nachgewiesen hat.


## III

Lassen Sie mich nach diesen ersten Ausführungen zu LEIBNIZ übergehen.
Daß ich diesem „spektakulärsten" aller Zeitgenossen NEWTONs etwas breiteren Raum gewähre, erscheint mir in mehrfacher Hinsicht gerechtfertigt:
Zunächst ist dieser Universalgelehrte das Paradepferd der kontinentalen
Wissenschaft seines Jahrhunderts; dann hat er dem Infinitesimalkalkül doch
mehr als nur die heute gebräuchliche Form verliehen und durch seine vi-
elfältige Wirksamkeit und Kommunikationsfreudigkeit der neuen Analysis
auch formal zum Durchbruch verholfen über die „Schule" der BERNOULLIs

zu EULER, CLAIRAUT, D'ALEMBERT etc., welch letztere dem kostbaren Inhalt der Newtonschen Physik ein angemessenes, kunstvolles Gefäß gießen konnten. Schließlich haben wir ein faszinierendes Dokument zur Verfügung, nämlich das von LEIBNIZ eigenhändig annotierte Exemplar der Erstausgabe von NEWTONs *Principia*, das 1969 ans Licht gekommen ist[2]. Das Buch, das über dieses Buch geschrieben wurde [15], dürfte nur gerade den Spezialisten, nicht aber einem breiteren Kreis bekannt geworden sein – wie ich schätze.

Den Wissenschaftshistorikern war seit jeher klar, daß LEIBNIZ die *Principia* Newtons selbstverständlich gelesen hat, doch fehlten verläßliche Dokumente darüber, *wann*, *wo* und *wie* er das getan hat. Einer der wenigen präziseren Hinweise dafür bildet LEIBNIZ' Brief an HUYGENS vom Oktober 1690 [7, t.IX, 521; 16, Bd. 6, 189], wo es heißt: „Apres avoir bien consideré le livre de M. NEWTON que j'ay vu à Rome pour la première fois, j'ay admiré comme de raison quantité de belles choses qu'il y donne...".

LEIBNIZ hat später wiederholt versichert, *vor* der Publikation seines *Tentamen*.[17] (ich werde gleich darauf zurückkommen) noch nicht die *Principia* selbst, sondern lediglich den zwölfseitigen Auszug gesehen zu haben, der als anonyme Rezension der *Principia* im Juni-Heft der *Acta Eruditorum* 1688 erschienen war. (Dieser Anonymus war höchstwahrscheinlich nicht MENCKE selbst, wie dies I. B. COHEN in seiner wichtigen *Introduction* [18: 155] vermutete, sondern MENCKEs Schwiegersohn CHRISTOPH PFAUTZ (1645–1711),wie mir seinerzeit J. E. HOFMANN mündlich mitgeteilt hat).

Nun – LEIBNIZ' *Tentamen de motuum coelestium causis* erschien im Februar 1689, fast zwei Jahre nach den *Principia*, doch tatsächlich finden sich darin keinerlei Spuren einer möglichen *Principia*-Lektüre durch LEIBNIZ. In dieser Schrift gelangte LEIBNIZ mittels seiner *circulatio harmonica* und der *sollicitatio paracentrica*, die ungefähr NEWTONs *vis centripeta* entsprach, zu ähnlichen Schlußfolgerungen bezüglich der Planetenbewegung wie der große Brite, der allerdings mit keinem Wort erwähnt wurde! Heute kennen wir den Grund – es hat natürlich nichts mit dem Calculusstreit zu tun – : LEIBNIZ hat das ihm als Fellow der Royal Society zustehende Exemplar der *Principia* gar nicht empfangen, da er vom Herbst 1687 bis im Juni 1690 auf einer ‚großen' Reise war, die ihn bekanntlich unter anderem nach Rom führte, wo er zwischen April und November 1689 sein Hauptquartier aufschlug [24, 25]. Erst dort gelangte er in den Besitz eines Exemplars von Newtons *Principia*!

Doch zurück zum *Tentamen*, dessen Substanz übrigens ERIC AITON in einer Reihe von Arbeiten [19–23] gründlich analysiert und modern darge-

---

[2]Inzwischen ist dieser Band erschienen: *Der Briefwechsel von Johann I Bernoulli, Band 2, Der Briefwechsel mit Pierre Varignon, Erster Teil: 1692–1702. Bearbeitet von Pierre Costabel und Jeanne Peiffer unter Benutzung von Vorarbeiten von Joachim Otto Fleckenstein*, Birkhäuser, Basel · Boston · Berlin 1988.

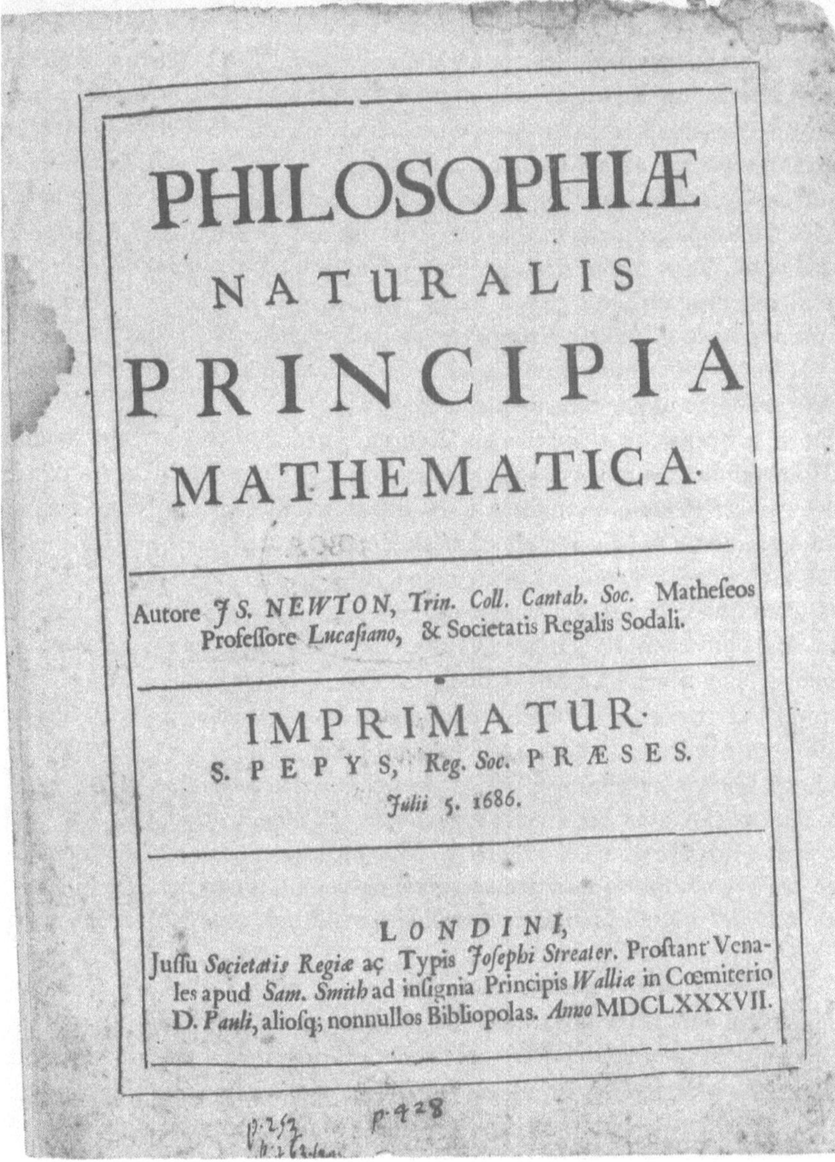


Bild 1. Titelblatt von Newtons Principia 1687. Es handelt sich um das Handexemplar von G.W. Leibniz, das sich seit 1970 im Besitz der Bodmeriana in Cologny bei Genf befindet.

stellt hat. Ähnlich wie LEIBNIZ' erste veröffentlichte Skizze seines Differentialkalküls, die *Nova methodus pro maximis et minimis* von 1684, war auch das *Tentamen* entstellt von Druck- und anderen Fehlern. Die brieflich geäußerte strenge Kritik am *Tentamen* durch HUYGENS wie auch Korrekturen von VARIGNON veranlaßten LEIBNIZ zu einer öffentlichen Richtigstellung im Oktoberheft 1706 der *Acta Eruditorum*. NEWTON selbst hat das *Tentamen* in der ersten Ausgabe von 1689 direkt kommentiert und zwar – wahrscheinlich – im Zusammenhang mit seiner Antwort auf JOHN KEILL Brief vom 2. Mai 1714. Diese *Notae* sind im fünften Band der *Correspondence* [2, Nr. 1069 a] gedruckt und mit einem sehr gut führenden Kommentar versehen, in welchem auch das harte Urteil NEWTONs korrigiert wird, that „LEIBNIZ did not yet [1689] understand the differential calculus in so far as second differences come under consideration" (Nr. 15).

Doch ich schweife allzusehr ab. Kehren wir zurück nach Rom in den Spätsommer des Jahres 1689 und sehen wir uns ein wenig näher an, *wie* LEIBNIZ die *Principia* erstmals gelesen hat. Ich will gleich vorwegnehmen, daß die Ausbeute für die Wissenschaftshistoriker *grosso modo* enttäuschend gering war, gemessen an den Erwartungen, die man an einen Geist wie LEIBNIZ stellen dürfte. Insgesamt annotierte er nämlich nur 25 *Principia*-Seiten und versah außerdem 17 Seiten mit Unterstreichungen oder anderen Markierungen; es finden sich im zweiten Buch der *Principia* nur kleinere Marginalia auf total sechs Seiten (!) – mit Ausnahme von Seite 254 (die ich Ihnen zeigen werde) – und Anstreichungen an bloß drei Stellen. Als *pars pro toto* möchte ich Ihnen wenigstens ein paar Bilder aus dem ‚heiligen Original' zeigen und dazu ein paar Worte sagen. An dieser Stelle soll eingeschoben werden, daß seinerzeit – im Winter 1969/70 – D. T. WHITESIDE spontan aktiv am Abenteuer der Transkription und der Auswertung der LEIBNIZschen Marginalien teilgenommen und mir manchen Ratschlag erteilt hat, und dafür möchte ich ihm nochmals öffentlich danken.

Aus dem Titelblatt ersieht man, daß es sich beim Leibnizschen Handexemplar um ein „three line issue" handelt; die unten sichtbaren Seitenzahlen in Tinte stammen von LEIBNIZ' Feder. Eine der in mancher Hinsicht hübschesten Marginalien ist diejenige, welche den vierten Satz des ersten Buches enthält, wo NEWTON sich auf die bekannte Huygenssche Formel für die Kreisbewegung stützt. (Wer von Ihnen den Leibniz-Text studieren möchte, findet ihn transkribiert in Abb. 3 oder zusätzlich mit Kommentaren versehen in Nr. 15 der Bibliographie). Die handschriftlichen Blöcke sind mit A, B, C und D markiert. B beinhaltet eine – nicht stichhaltige – kritische Bemerkung gegen NEWTONs Lemma XI, und A, C, D sind bloße Umsetzungen des Principiatextes [cf. 15: 73–75]. Diese zeigen, daß LEIBNIZ keine Mühe hatte, NEWTONs Beweisführungen hier im Detail zu meistern. Doch das einzig wirklich Interessante auf dieser von LEIBNIZ annotierten Seite ist das rechts oben angebrachte Zeichen „delta". Dieses ist nicht, wie man vielleicht zu interpretieren versucht sein könnte, ein „deleatur", sondern es heißt bei LEIBNIZ stets „destilletur" (die Alchymie läßt grüßen!) mit der Bedeutung: darüber muß noch gründlich nachgedacht werden. Allerdings! Das „delta" bezieht sich nämlich auf die von LEIBNIZ unterstrichene Textstelle „[*BC, bc*] ... *his arcubus aequales*" (cf. Abb. 2). Wenn die Massenpunkte Kreisbewegungen vollführen und durch die Kraftwirkung gegen das Kreiszentrum $S$ aus ihren Tangentialrichtungen $\overline{BC}, \overline{bK}$ abgelenkt werden sollen, dann sind gemäß der Kraftkonzeption NEWTONs (*vis centripeta*) die differentiellen Teile der Attraktionswege $cd, Kt$ natürlich keine geraden Strecken, sondern in Wirklichkeit infinitesimale Teile von Kreisevolventen, die in den Punkten $c$ resp. $K$ senkrecht auf $\overset{\frown}{bcK}$ stehen (cf. Abb. 4).

Die im Principiatext behauptete Gleichheit der Bögen $\overset{\frown}{bd} = \overset{\frown}{bc}$ resp. $\overset{\frown}{bt}$ $= \overline{bK}$ gilt nämlich mathematisch streng und nicht nur approximativ. In dieser Hinsicht ist NEWTONs Figur auf Seite 41 (siehe Abb. 2) in der Tat enorm simplifizierend, und das wußte er zweifellos sehr gut, denn in seinem ‚Vor-Principia-Manuskript' *De motu corporum* hat er diese Bögen $\overset{\frown}{cd}, \overset{\frown}{Kt}$ angenähert durch die Sehnen $\overline{cd}, \overline{Kt}$, die um ein Drittel ihres Zentriwinkels gegen $\overline{bS}$ geneigt sind. – Möglich, daß LEIBNIZ bei seiner ersten, vielleicht hastigen Principialektüre nicht geneigt war, „in die Tiefe zu steigen", doch das Unsicherheitszeichen ‚delta' spricht in diesem Fall für ihn.

Lassen Sie mich Ihnen ein weiteres Beispiel von LEIBNIZ' Principialektüre anführen. Im 35. Satz des 2. Buches gab NEWTON bekanntlich die Differentialgleichung der Meridiankurve des Rotationskörpers kleinsten Widerstandes an, jedoch ohne Herleitung oder Beweis. Die Abb. 5 zeigt die Newtonsche Figur sowie das Extrakt des zugehörigen Principiatextes. Denken wir uns in $C$ in gewohnter Weise ein kartesisches Koordinatensystem und nennen wir die „Widerstandskurve" $f(x)$, so hat der Punkt $N$ die Koordinaten $N(x/y)$ usw. Schreiben wir nun für die erste Ableitung $y' = f'(x) = p$ und setzen dies in die Newtonsche Gleichung ein, so ergibt sich aus der Proportion die gewöhnliche Differentialgleichung vierten Grades

$$p^4 + \frac{4}{b}yp^3 + 2p^2 + 1 = 0,$$

für deren Lösung EULER [26] die Parameterdarstellung

$$x = k_1\left[\frac{3}{4p^4} + \frac{1}{p^2} + \ln p\right] + k_2$$

$$y = k_1\frac{(1+p^2)^2}{p^3}$$

gegeben hat. „The immediate reaction of NEWTONs contemporaries to this

[ 41 ]

### Prop. IV. Theor. IV.

*Corporum quæ diverſos circulos æquabili motu deſcribunt, vires cen-
tripetas ad centra eorundem circulorum tendere, & eſſe inter ſe
ut arcuum ſimul deſcriptorum quadrata applicata ad circulorum radios.*

Corpora $B$, $b$ in circumferentiis circulorum $BD$, $bd$ gyran-
tia, ſimul deſcribant arcus $BD$, $bd$.  Quoniam ſola vi inſita de-
ſcriberent tangentes $BC$, $bc$ his arcubus æquales, manifeſtum
eſt quod vires centripetæ ſunt quæ
perpetuo retrahunt corpora de
tangentibus ad circumferentias
circulorum, atq; adeo hæ ſunt
ad invicem in ratione prima ſpa-
tiorum naſcentium $CD$, $cd$: ten-
dunt vero ad centra circulorum per Theor. II, propterea
quod areæ radiis deſcriptæ po-
nuntur temporibus proportiona-
lès. Fiat figura $kb$ figuræ $D$
$CB$ ſimilis, & per Lemma V,
lineola $CD$ erit ad lineolam $kt$ ut
arcus $BD$ ad arcum $bt$: nec non, per Lemma XI, lineola naſcens
$tk$ ad lineolam naſcentem $dc$ ut $bt$ *quad.* ad $bd$ *quad.* & ex æ-
quo lineola naſcens $DC$ ad lineolam naſcentem $dc$ ut $BD \times bt$

ad $bd$ *quad.* ſeu quod perinde eſt, ut $\dfrac{BD \times bt}{Sb}$ ad $\dfrac{bd}{Sb}$ *quad.* , a-

deoq; ( ob æquales rationes $\dfrac{bt}{Sb}$ & $\dfrac{BD}{SB}$ ) ut $\dfrac{BD}{SB}$ *quad.* ad $\dfrac{bd}{Sb}$ *quad.*

*Q. E. D.*

*Corol.* 1. Hinc vires centripetæ ſunt ut velocitatum quadrata
applicata ad radios circulorum.

*Corol.* 2. Et reciproce ut quadrata temporum periodicorum ap-

Bild 2. Marginalien von Leibniz aus S. 41 von Newtons Principia

### 41 A (Abb. 2)

1   vires centripetae mobilium ☉ et ☽
unicum circulum aequabiliter descri-
bentium, cd

2   et Kt sunt in duplicata ratione velocitatum bd, bt seu bc, bK

3   Vires centripetae Kt, CD duorum
mobilium ☽ et ♀ duos circulos
eodem tempore

4   absolventium, seu velocitate radiis
proportionali, sunt radiis propor [-]

5   tionales sb : sB

6   Centrip. vis mobilis ☉
ad ☽ $:: v^2 : (v)^2$

7   vis ☽ ad ♀ $:: sb : sB$

8   Ergo vis ☉ ad ♀ $:: v^2 sb : (v)^2 sB$

9   et $(v) = ((v))sb : sB$

10   vis ☉ ad ♀ $:: v^2 sb : \overline{sb^2((v))^2 sB^2}$

11   seu vis ☉ ad ♀ $:: \overline{v^2 : sb} : \overline{((v))^2 : sB}$

### 41 B

1   suspectum hoc Lemma generale. in
circulo tamen res

2   vera speciali ratione, quia

3   abscissae in

4   circulo sunt

5   ut quadrata

6   chordarum

### 41 C
(völlig durchgestrichen)

1   Vires centripetae ad radios
circulorum diversorum sunt ut qua-

drata temporum. Vires centripetae
ad radios

2   diversorum circulorum ut temporum
periodicorum quadrata recipro[ce]

### 41 D

1   vires centripetae ut vel[ocitatum]
qu[adrata] : rad[ios.]
circumf[erentiae] seu rad[ii] ut
temp[ora]

2   period.[ica] et vel[ocitates].
Ergo Temp. per. ut radius : vel. et
vel. ut circumf. rad. : temp. per.

3   circumf. ut rad. Ergo vires centrip.
ut rad. quadr. : temp. period. quadr.
rad.

4   seu vires centrip. ut rad. : temp. per.
quadr.

5   Si vir. centrip. ut [rad. qu] 1 : rad. qu.
erunt temp. period. quadr. ut cub.
rad. Ergo rad. qu : vel. qu. ut cub.
rad. Ergo radii ut

6   1 : quadrata velocitatum. Itaque
perinde moventur planetae, si in
mediis distantiis circulari
ponerentur, ac si projecti essent

7   [viribus] velocitatibus in subduplicata
reciproca ratione distantiarum a sole,
et interim [essent graves] in duplicata
impellerentur ad centrum a gravitate

**Bild 3.** Transkription der in Abb. 2 reproduzierten Annotationen von Leibniz.

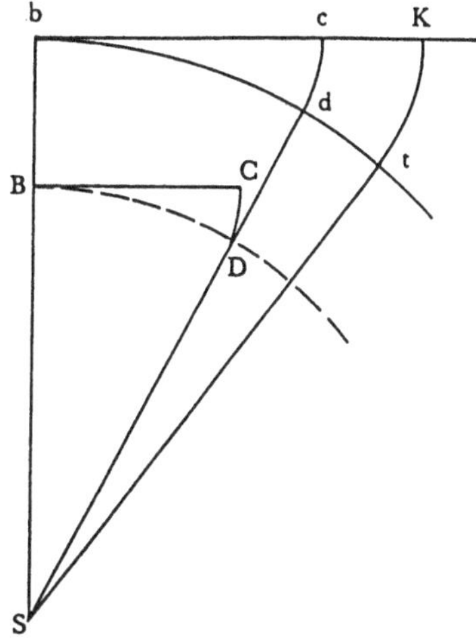


**Bild 4.**

[ 327 ]

em eundem *C B* generatur, minus refiftitur quam folidum prius;
fi modo utrumque fecundum plagam axis fui *A B* progrediatur,
& utriufque terminus *B* præcedat.   Quam quidem propofitio-
nem in conftruendis Navi-
bus non inutilem futuram
effe cenfeo.

Quod fi figura *D N F B*
ejufmodi fit ut, fi ab ejus
puncto quovis *N* ad axem
*A B* demittatur perpendiculum *N M*, & a puncto
dato *G* ducatur recta *G R*

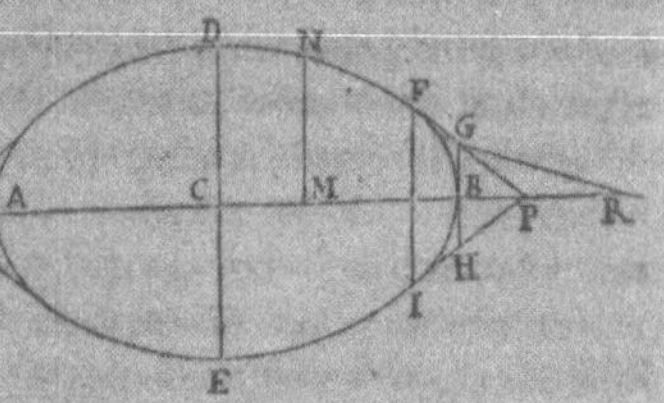

quæ parallela fit rectæ figuram tangenti in *N*, & axem productum
fecet in *R*, fuerit *M N* ad *G R* ut *G R* *cub.* ad 4 *B R* x *G B q:* Solidum quod figuræ hujus revolutione circa axem *A B* facta defcri-
bitur,  in Medio raro & Elaftico ab *A* verfus *B* velociffime mo-
vendo,  minus refiftetur quam aliud quodvis eadem  longitudine
& latitudine defcriptum Solidum circulare.

### Prop. XXXVI. Prob. VIII.

*Invenire refiftentiam corporis Sphærici in Fluido raro & Elaftico
velociffime progredientis.*        ( Vide Fig. Pag. 325. )

Defignet *A B K L* corpus Sphæricum centro *C* femidiametro *C A*
defcriptum.  Producatur *C A* primo ad *S* deinde ad *R*, ut fit *A S*
pars tertia ipfius  *C A*, & *C R* fit ad *C S* ut denfitas corporis Sphærici ad denfitatem Medii.   Ad *C R* erigantur perpendicula *P C*,
*R X*, centroque *R* & Afymptotis *C R*, *R X* defcribatur Hyperbola quævis *P V Y*.   In *C R* capiatur *C T* longitudinis cujufvis, &
erigatur  perpendiculum *T V* abfcindens aream Hyperbolicam
*P C T V*, & fit *C Z* latus hujus areæ applicatæ ad rectam *P C*.  Dico quod motus quem globus, defcribendo fpatium *C Z*, ex refi-
ftentia Medii amittet, erit ad ejus motum totum fub initio ut lon-
gitudo *C T* ad longitudinem *C R* quamproxime.          Nam

**Bild 5.  Seite 327 von Newtons Principia mit einer handschriftlichen Anmerkung von Leibniz.**

scholium on its publication in the 1687 *Principia* was one of nearly-total incomprehension", wie WHITESIDE in seinen Kommentaren in den ‚Math.-Papers 6' schreibt. (Newtons eigene Ableitung erschien erstmals im Druck im 3. Band der *Correspondence* [2: 375–377]). Während nun HUYGENS als einzige Ausnahme NEWTONs unterdrückte analytische Herleitung einigermaßen rekonstruieren konnte [3: vol. 6, 466n], hat sich LEIBNIZ nur zu einer kurzen, undurchsichtig-schwankenden Notiz provozieren lassen: „*investigandum ex isolabis facillime progrediens*", oder, wie es TOM WHITESIDE seinerzeit lieber lesen wollte: „*investigandum est isoclinis facillime progrediens*". [„Man kann es sehr leicht finden mittels der ‚isolaba' beziehungsweise ‚Isoklinen' ".]

Tatsächlich kann man darüber im Zweifel sein, was sich LEIBNIZ dabei gedacht haben mag, denn er schrieb zuerst „*isoperimetris*", strich es durch und überschrieb es mit „*isolabis*", einem Kunstwort, das er selbst gebildet hat [27]. Bis jetzt ist mir kein Dokument bekannt, in welchem der große Deutsche versucht haben sollte, „Newtons Problem"– wie es in der heutigen Literatur über Variationsrechnung genannt wird – analytisch zu lösen. Dennoch kann man LEIBNIZ' ziemlich isolierte und vage Marginalie als Zeichen dafür werten, daß der Hannoveraner in seiner Instinktsicherheit den historischen Durchstich in Newtons Scholium mindestens gewittert haben mag – *in dubio pro reo*.

Sehen wir uns noch schnell die von LEIBNIZ eindrücklich annotierte Seite 254 der *Principia* an (Abb. 6 und 7). Sie bringt zwar bezüglich der Propositionen 8, in welcher es um die Auf- und Abwärtsbewegung eines Körpers im widerstehenden Mittel geht, nichts Besonderes, doch zeigen die Anmerkungen von LEIBNIZ, daß es ihm keine sonderliche Mühe bereitet hat, die Substanz des Newtonschen Textes in die Form seines eigenen *Calculus* umzugießen.

Vom eher enttäuschenden Fazit, das aus LEIBNIZ' erster Konfrontation mit den *Principia* gezogen werden muß, wurde schon eingangs gesprochen, und eine gewisse Tendenz des Kommentator zum „fault-picking", wie es WHITESIDE einmal genannt hat, ist wohl kaum zu übersehen. Doch zugunsten von LEIBNIZ dürfen wir auch die Umstände nicht außer acht lassen, unter denen er höchstwahrscheinlich NEWTONs *Principia* erstmalig gelesen hat: in Italien, und besonders in der Vatikanstadt, hatte LEIBNIZ eine Unzahl von wichtigen Geschäften politischer, wissenschaftlicher und theologischer Natur abzuwickeln und die Bekanntschaft von Dutzenden hochinteressanter Persönlichkeiten zu machen. Auch weisen einige Spuren darauf hin, daß der Philosoph das Studium des Hauptwerks seines großen britischen Gegenspielers vorwiegend als „Schlummerlektüre" gepflegt hat! (Die Gründe für diese Hyptohese habe ich in [15: 121] dargelegt).

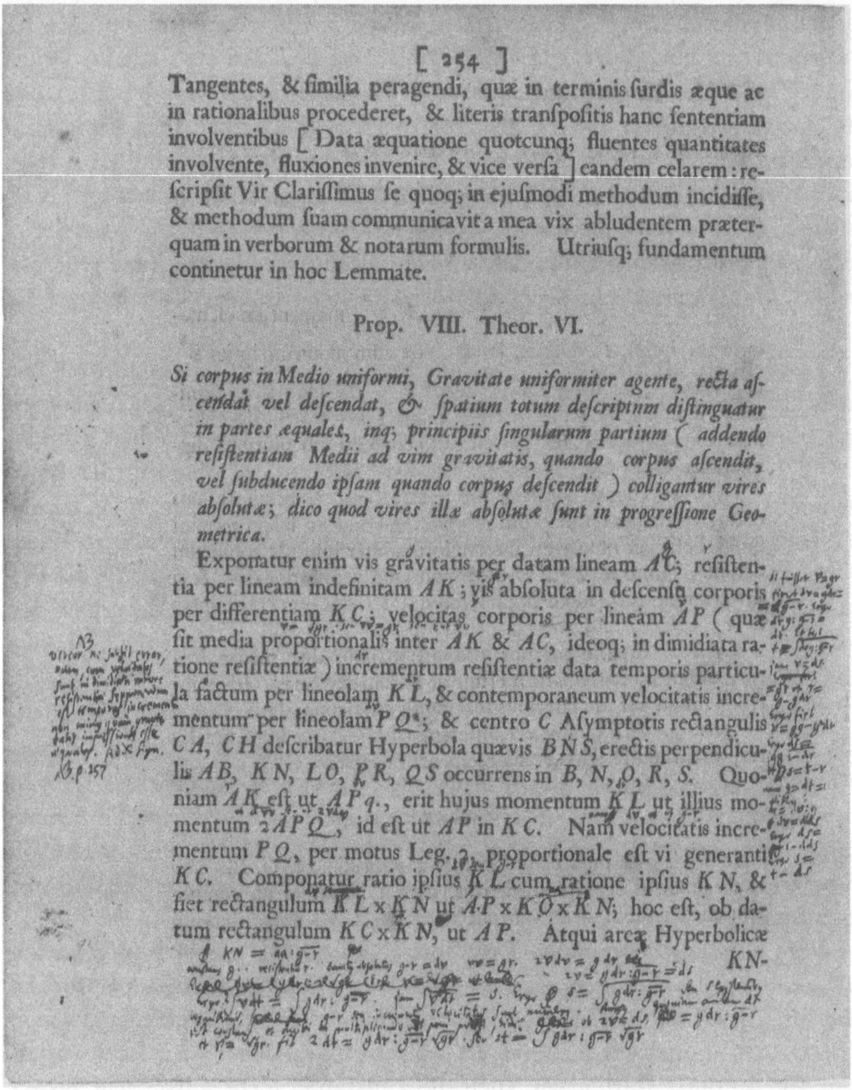

[ 254 ]

Tangentes, & similia peragendi, quæ in terminis surdis æque ac in rationalibus procederet, & literis transpositis hanc sententiam involventibus [ Data æquatione quotcunq; fluentes quantitates involvente, fluxiones invenire, & vice versa ] eandem celarem: rescripsit Vir Clarissimus se quoq; in ejusmodi methodum incidisse, & methodum suam communicavit a mea vix abludentem præterquam in verborum & notarum formulis. Utriusq; fundamentum continetur in hoc Lemmate.

### Prop. VIII. Theor. VI.

*Si corpus in Medio uniformi, Gravitate uniformiter agente, recta ascendat vel descendat, & spatium totum descriptum distinguatur in partes æquales, inq; principiis singularum partium ( addendo resistentiam Medii ad vim gravitatis, quando corpus ascendit, vel subducendo ipsam quando corpus descendit ) colligantur vires absolutæ; dico quod vires illæ absolutæ sunt in progressione Geometrica.*

Exponatur enim vis gravitatis per datam lineam $AC$; resistentia per lineam indefinitam $AK$; vis absoluta in descensu corporis per differentiam $KC$; velocitas corporis per lineam $AP$ ( quæ sit media proportionalis inter $AK$ & $AC$, ideoq; in dimidiata ratione resistentiæ ) incrementum resistentiæ data temporis particula factum per lineolam $KL$, & contemporaneum velocitatis incrementum per lineolam $PQ$; & centro $C$ Asymptotis rectangulis $CA$, $CH$ describatur Hyperbola quævis $BNS$, erectis perpendiculis $AB$, $KN$, $LO$, $PR$, $QS$ occurrens in $B$, $N$, $O$, $R$, $S$. Quoniam $AK$ est ut $APq.$, erit hujus momentum $KL$ ut illius momentum $2APQ$, id est ut $AP$ in $KC$. Nam velocitatis incrementum $PQ$, per motus Leg. 2. proportionale est vi generanti $KC$. Componatur ratio ipsius $KL$ cum ratione ipsius $KN$, & fiet rectangulum $KL \times KN$ ut $AP \times KO \times KN$; hoc est, ob datum rectangulum $KC \times KN$, ut $AP$. Atqui arcæ Hyperbolicæ $KN-$

**Bild 6. Seite 254 von Newtons Principia mit Marginalnoten von Leibniz.**

### 254 A (links) (Abb. 6)

1 NB
2 vereor ne subsit error,
3 nam, cum velocitates
4 sunt in dimidiata ratione
5 resistentiae supponendum
6 est temporis incrementa
7 non minus quam gravi-
8 tatis impressiones esse
9 aequales. Adde sign.
10 NB, p. 257

### 254 B (rechts)

1 Si fuisset $v = gr$
2 fieret $dv = g\,dr =$
3 $= \overline{g\text{-}r}.$ Ergo
4 $dr\, g : g\text{-}r =$
5 dt. Et ·fiet
6 $t = \int \overline{dr\, g : \overline{g\text{-}r}}$
7 jam $v = ds.$
8 ~~Ergo fiet~~
9 $= gr$ et $r =$
10 $g\text{-}gdr$
11 Ergo fiet
12 $V = gg \cdot g^2 dr$
13 Ergo $ds =$
14 $gg\, \overline{l\text{-}dr}$
15 et $\int ds = t\text{-}r,$
16 nam $g = dt = l.$
17 aliter:
18 $dr = dv : g$
19 et $dv = dds$
20 Ergo $ds =$
21 $\overline{gg}\; l\text{-}dds.$
22 Ergo $s =$
23 $t\text{-}ds.$

### 254 C (unten)

1 $KN = aa : \overline{g\text{-}r}$
2 constans g. resistentia r. conatus
  absolutus $\overline{g\text{-}r} = dv \qquad vv = gr.$
  $2vdv = gdr$
3 $2v = gdr : \overline{g\text{-}r} = ds$
4 Ergo $2\int vdt = \int gdr : \overline{g\text{-}r}.$ jam $\int vdt = s.$
  Ergo $s = \int \overline{gdr : \overline{g\text{-}r}}$ seu s existentibus
5 logarithmis, g-r seu incrementa
  velocitatis sunt numeri. quoniam
  autem dt
6 est constans, hinc, ob $2v = ds =$
  $gdr : \overline{g\text{-}r}$
7 et $v = \sqrt{gr},$ fit $2dt = gdr : \overline{g\text{-}r}\ \sqrt{gr}\,,$
  seu $2t = \int gdr : \overline{g\text{-}r}\ \sqrt{gr}$

Bild 7. Transkription der in Abb. 6 reproduzierten Annotationen von Leibniz.

Sei dem wie es wolle: Es ist ein Ausdruck menschlicher Unzulänglichkeit, von größten Geistern stets nur Größtes zu erwarten. Doch im Fall LEIBNIZ kommt noch ein Weiteres dazu: Mir will es scheinen, daß LEIBNIZ erst später durch seinen Briefwechsel mit dem jungen JOHANN BERNOULLI – und im Zuge von dessen ‚Principia-Kritik' von 1710/11, gelernt hat, einige Tiefen dieses „Buches der Bücher" genauer auszuloten – mit wachsendem Respekt sowohl vor NEWTON als auch vor dem streitbaren Basler.

# IV

Von LEIBNIZ ist es ein Katzensprung zum niederländischen Mathematiker, Arzt und Philosophen BERNARD NIEUWENTIJT (1654–1718); ich möchte diese wahrhaft interessante Persönlichkeit aus meiner Darstellung nicht ausklammern, selbst wenn dies auf Kosten meiner Landsleute geht. Über diese gibt es nämlich eine ganze Literatur, und sie wurden ja auch in den eingangs zitierten britischen Großeditionen [2] und [3] gebührend abgehandelt. Weniger bekannt hingegen ist dieser Bürgermeister von Purmerend, der an der Schwelle zum achtzehnten Jahrhundert nicht nur als einer der ersten wissenschaftlichen Popularisatoren, sondern auch als Mathematiker Geschichte gemacht hat [28]. Der bekannte Utrechter Mathematiker HANS FREUDENTHAL bezeugt, daß B. NIEUWENTIJT mit seinen immensen Kenntnissen aller Naturwissenschaften seiner Zeit völlig auf der Höhe war. Als M a t h e m a t i k e r wurde NIEUWENTIJT vom Standpunkt moderner Historiographie noch nicht gründlicher untersucht, abgesehen von den Studien, die BEATRICE BOSSHART in Basel getrieben, jedoch noch nicht veröffentlicht hat.

NIEUWENTIJT übersandte 1695 LEIBNIZ zwei seiner Werke, die *Considerationes...* [29] und die *Analysis infinitorum...* [30], in welchen er LEIBNIZ's Auffassung der Analysis zurückwies. Kurz gesagt, NIEUWENTIJT ließ keine Differentiale höherer Ordnung zu. Seine Methode bestand – modern gesagt – darin, daß er „in Wirklichkeit" ein Element $e$ mit $e^2 = 0$ einführte. LEIBNIZ antwortete umgehend mit einer nicht ganz überzeugenden Abhandlung [31] in seinen *Acta Eruditorum*, was 1696 mit NIEUWENTIJTs *Considerationes secundae...* [32] quittiert wurde. Schließlich wurde der Basler JAKOB HERMANN für die Sache des Leibniz-Bernoullischen Calculus ins Feld geschickt [33], was ihm die Mitgliedschaft der ‚Berliner Akademie' einbrachte.

Doch hier interessiert uns vor allen Dingen NIEUWENTIJTs Beziehung zu NEWTONs *Principia*. Diese hat·der ehemalige Spinozist und ‚Non-Cartesianer' zweifellos gelesen, doch die Tiefe seines Eindringens läßt sich aus dem populären Buch [34], das von CHAMBERLAYNE schon früh ins Englische, später von J. A. SEGNER sogar ins Deutsche übersetzt wurde, nicht feststellen. Hier bediente sich NIEUWENTIJT eigentlich nur physikalischer Daten aus dem 3. Buch der *Principia* zur Stützung seines physico-theologischen Gottesbeweises. (Es ist gewiß nicht ohne Interesse zu sehen, daß VOLTAIRE NIEUWENTIJTs Buch gut studiert und mit Marginalien versehen hat).

Konkrete Bezüge mathematischer Art auf die *Principia* findet man zahlreich in NIEUWENTIJTs *Considerationes...* [29]. Dort beginnt er beispielsweise seine *Sectio secunda* mit einem emphatischen Hinweis auf den „hochberühmten Autor" [Newton] und dessen *Lemma I*. Seine *Analysis infinitorum...* [30], die man als das erste verständliche Buch über den *Calculus* ansprechen kann (es erschien ein Jahr vor HOSPITAL *Analyse des infiniment petits* [35]), eröffnet NIEUWENTIJT – wie NEWTON – mit einer Handvoll *Lemmata*, von welchen das 21. (von 52) mit NEWTONs *Lemma VI* über die Kontingenzwinkel völlig identisch ist. Im 2. Kapital radiziert er mit Namensnennung NEWTONs ein Binom – exakt nach dessen Vorbild – doch die für unsere Betrachtung vielleicht interessanteste Stelle findet sich im 8. Kapitel. Dort leitet NIEUWENTIJT die Differentiationsregeln her für die Summe und Differenz, das Produkt, den Quotienten und die Potenz zweier Variablen – *symbolis Leibnitianis* – wie er sagt. Dann folgt aber sofort (in §5) ein Satz, der einen ganz anderen Stellenwert besäße, wenn damals – 1695 – der Calculus-Streit schon ausgebrochen wäre:

„Wenn wir jedoch die Variablen *Fluenten* nennen wollen und ihre Infinitesimalen aber *Fluxionen, Momente, Zeitinkremente*, so fließt die Beweisführung aus eben derselben Quelle der Mathematik, die der berühmte Newton in seinem grundgelehrten Werk *Philosophiae naturalis Principia mathematica* verwendet hat". [„*Sin autem quantitates indeterminatas F l u e n t i u m nomine, ipsas vero infinitesimas f l u x i o n e s , momenta, incrementa momentanea aptissimo usitatoque Clar. Newtono technologemate appellemus, eodem hoc fonte calculi, ab inclyto Auctore in profundissimae eruditionis de* Phil. Nat. Princ. Math. *tractatu adhibiti, demonstratio haurietur.*"]

Zusammenfassend soll festgehalten werden, daß NIEUWENTIJT, der von der sogenannten „reinen Mathematik" nicht sonderlich viel gehalten hat, den physikalischen Konzeptionen NEWTONs eher zu- als abgeneigt war.

V

Es entspricht ganz der chronologischen Reihenfolge, wenn wir hier den französischen Priester PIERRE VARIGNON (1654–1722) einschalten. Dieser in der Pariser Akademie höchst einflußreiche Gelehrte interessiert hier nämlich nicht so sehr als versöhnender Vermittler im Prioritätsstreit zwischen den Kontinentalen – hauptsächlich JOHANN BERNOULLI – und NEWTON, sondern als Rezipient der *Principia* und als ‚Mechaniker'. VARIGNON über dessen biographische Fakten wir primär durch FONTENELLEs *Eloge* informiert sind, „was the first Frenchman to interpret the mechanics of NEWTON's *Principia* to his own countrymen, and one of the first continental mathematicians to interpret NEWTON's work in terms of differential calculus, who received his first instruction in the calculus from JOHN BERNOULLI during the latter's visit to Paris in 1692 as the guest of GUILLAUME De L'HOSPITAL (Aiton [21]", von welchem sich bekanntlich BERNOULLI seine Privatstunden in klingendem Gold bezahlen ließ.

In einer Reihe von Abhandlungen, die er zwischen 1700 und 1706 der Pariser Akademie eingereicht hatte, machte VARIGNON von der Differentialrechnung Gebrauch, um eine allgemeine Theorie der Zentralkräfte zu entwickeln – unter ausdrücklicher Bezugnahme auf NEWTON und LEIBNIZ. Seine substantiellen Beiträge, hauptsächlich im Hinblick auf das inverse Zentralkraftproblem, wurden von ERIC AITON meisterhaft analysiert und gewürdigt in mehreren wichtigen (bereits genannten) Arbeiten unter Berücksichtigung der entsprechenden Leistungen von JAKOB HERMANN und JOHANN BERNOULLI. Von VARIGNONs Umsetzung (ab 1700) der wichtigsten Sätze der *Principia mathematica* in die LEIBNIZsche Symbolik führt nämlich ein gerader Weg zu ROGER COTES' zweiter Edition der *Principia* 1713 und zur *Phoronomia* von JAKOB HERMANN [37], und diese gehörte zur mathematischen Muttermilch LEONHARD EULERs in dessen (einziger) Baslerzeit bis 1727.

VARIGNONs erstes Hauptwerk *Projet de nouvelle méchanique* [38] erschien fast gleichzeitig mit NEWTONs *Principia* vor 300 Jahren, doch darf es damit natürlich nicht verglichen werden. Ja – französische Gelehrte sind sogar der Meinung, daß der *Projet* i n f o l g e des simultanen Erscheinens beider Bücher in Frankreich auf größeres Interesse gestoßen sei, als dies ohne das Buch des berühmten Insulaners der Fall gewesen wäre [36: 584]. Sei dem wie es wolle: damals interessierte sich VARIGNON hauptsächlich für die Anwendung seines Prinzips der Zusammensetzung von Kräften auf die Statik. In seinen Abhandlungen von 1692/93 [39] finden sich einige Ausdrücke, die auf einen Einfluß der Lektüre der *Principia* schließen lassen: „Premières et deuxièmes vitesses", „premières forces". Doch zeigt sich bereits hier, daß VARIGNON unempfänglich war für ein Kernstück in NEWTONs Grundkonzeption: für das Gesetz der Trägheit. Diese Unempfänglichkeit wird – wie mir PIERRE COSTABEL (Paris) mitgeteilt hat – ebenfalls dokumentiert durch den (bis zur Stunde noch nicht erschienenen) Briefwechsel zwischen JOHANN BERNOULLI und VARIGNON, dessen ersten Band wir in diesen Wochen erwarten[3], und sie setzt sich fort bis zu VARIGNONs letzter Abhandlung von 1720 über die verallgemeinerte Fallbewegung schwerer Körper.

---

[3]Die *Principia*-Rezeption durch Leibniz erfuhr in der Zwischenzeit weitere, wichtige Aufhellungen durch die 1988 im Druck erschienene Arbeit von Domenico Bertolini Meli, Leibniz's Excerpts from the ‚Principia Mathematica', *Annals of Science*, 45 (1988), 477–505. – Der Autor bietet eine Transkription und eingehende Kommentare samt Einleitung zweier bisher unbekannter (oder wenigstens noch nicht studierter) Handschriften aus dem Leibniz-Archiv der Niedersächsischen Landesbibliothek. Beide Manuskripte stammen wahrscheinlich aus Leibnizens „Römerzeit" (1689) und stehen in engstem Zusammenhang mit den Annotationen der *Principia*. D. Bertolini Meli stellt die Veröffentlichung weiterer bisher unbekannter Manuskripte im gleichen Kontext in Aussicht. Wenn dies mit derselben Gründlichkeit geschehen sollte, dürfen wir uns darauf freuen. Für das bis jetzt Geleistete verdient Domenico Bertolini Meli unseren herzlichen Dank! (E.A.F.).

VARIGNONs erste explizite Zitation von NEWTONs *Principia* taucht auf in einem Brief vom 24. Mai 1696 an BERNOULLI. Er bezieht sich auf Abschnitt X, 1. Buch der *Principia*, wo es sich um den Gleichgewichtszustand von Fäden handelt – nach COSTABEL ist VARIGNONs Bezug ohne besonderes Interesse. Im Korrespondenzband II hingegen, der den Briefwechsel zwischen 1702 und 1713 enthält, werden NEWTONs *Principia* etwa 75 mal zitiert: darauf können wir uns also freuen! Bei diesen paar Bemerkungen müssen wir es bewenden lassen.

# VI

Doch es ist nun höchste Zeit, nach Basel zurückzukehren. Was JAKOB BERNOULLI betrifft, den ersten (und vielleicht tiefgründigsten) der ruhmreichen Mathematikerdynastie BERNOULLI, können wir heute dem globalen Bild, das vor exakt 50 Jahren EDUARD FUETER [40] gezeichnet hat, nichts Wesentliches hinzufügen. Das Hauptwerk NEWTONs blieb ohne nennenswerte Einwirkung auf JAKOB BERNOULLI, und dafür ließe sich eine Reihe von Gründen anführen: zunächst einmal war dieser „Basler Centaur" als Mathematiker nämlich Leibnizianer, als Physiker jedoch *grosso modo* Cartesianer, wie seine naturphilosophischen Schriften [41] zeigen – man denke nur etwa an seine verunglückte Kometentheorie, die in seinen *Opera omnia* (1744) den Reigen eröffnet. Zum anderen war JAKOB BERNOULLI zur Publikationszeit der *Principia* leidenschaftlich durch die Leibnizsche Analysis in Anspruch genommen, zu welcher er sich bekanntlich seit dem Erscheinen der rudimentären und arg lädierten *Nova methodus* von LEIBNIZ ab 1684 völlig allein durchgebissen und sich zu einem wahren Pionier des *calculus* entwickelt hat. Doch in der Physik muß dieser ganz große Mathematiker zur vor-Newtonschen Epoche gerechnet werden, denn seit 1687 hat er keine größere rein physikalische oder astronomische Arbeit mehr geschrieben. In der (heute sogenannten) reinen Mathematik nimmt er jedoch des öfteren Bezug auf NEWTON, welchem er gar in seinen Briefen – nach anfänglichem Zögern – höchste Bewunderung zollt. Zweifellos mußte BERNOULLI einsehen, daß NEWTON beispielsweise das *theorema aureum* im allgemeinen zur Bestimmung des Krümmungsradius, dem BERNOULLI die elegante und wirksame analytische Form

$$\varrho = \frac{(1 + y'^2)^{3/2}}{y''}$$

gegeben hat, substantiell antizipiert hatte – eine Formel übrigens, der JAKOBS ‚kleiner Bruder' JOHANN anfangs der Neunziger Jahre in Paris einige seiner spektakulärsten Erfolge verdankte.

Hier schließe ich an mit einigen Worten über JAKOB BERNOULLIs Bruder JOHANN. Zunächst springt eine interessante Gemeinsamkeit ins Auge: beide Brüder sind als Mathematiker Leibnizianer, doch als Physiker Cartesianer. Während dies bei JAKOB aus den oben geschilderten Gründen kaum relevant war, kommt diesem Umstand bei JOHANN enorme Bedeutung zu. Allerdings empfiehlt es sich, in JOHANNs ‚kartesischen Aktivitäten' zwei Hauptphasen zu unterscheiden: nämlich die Periode *vor* und diejenige *nach* dem Ausbruch des Prioritätsstreites, über welchen ja A. R. HALL vor einigen Jahren ein eindrückliches Buch geschrieben hat [42]. Es erübrigt sich, diese Dinge hier nochmals aufzuwärmen; die ziemlich klägliche Rolle, welche JOHANN BER-NOULLI – „lion by night, jackal by day" – dort gespielt hat, ist kurz und treffend dargestellt in GJERTSENs *Newton Handbook* [43], das meiner Meinung nach gar nicht so schlecht ist, wie die Rezension im *New Scientist* [44] vermuten lassen könnte. Betrachten wir aber die erste Periode:

Den frühesten Beleg für JOHANNs erste Lektüre der *Principia* findet sich in dem (veröffentlichten [45] Brief von HOSPITAL an BERNOULLI vom 2. 1. 1693, wo es um den Kegelschnittsatz im Corollar 3 zum Lemma 25 des ersten Buches geht. Daraus folgt, daß BERNOULLI spätestens 1692 die *Principia* gelesen haben muß. Damals – und erst recht noch später anläßlich NEWTONs so spontan und souverän erfolgter Lösung des von BERNOULLI gestellten Problems der Brachystochrone, der „Kurve des schnellsten Falles" – äußerte sich BERNOULLI noch in den höchsten Tönen der Bewunderung für NEWTON als Mathematiker [46], welchen er bekanntlich an der anonym eingereichten „Zykloidenlösung" erkannte *tamquam ex ungue leonem* (wie den Löwen an der Kralle). Diese uneingeschränkte Bewunderung mag erstaunen im Hinblick auf NEWTONs schärfsten Gegensatz zu DESCARTES' Physik und Kosmologie, der BERNOULLI bis anhin beigepflichtet hatte. In dieser ersten Periode ist es ganz verständlich, daß NEWTONs Annahmen der keineswegs „klaren und distinkten" (*clara et distincte*) Gravitationskraft im Sinne einer Fernwirkung und des absolut leeren Raumes JOHANN BERNOULLI als Rückfall in die Scholastik im Sinne der peripatetischen Diktatur erscheinen mußte. Dafür lassen sich viele Belege angeben, die u. a. PIERRE BRUNET [47] und EDUARD FUETER [40] gesammelt haben.

Den Beginn der zweiten Periode kann man grob mit BERNOULLIs berühmter Kritik am zehnten Satz des zweiten Buches der *Principia* um 1710 ansetzen – eine Kritik, durch die Vermittlung von DE MOIVRE zum wohlbekannten persönlichen Treffen (1712) zwischen JOHANNs Neffen NIKLAUS (I) BERNOULLI und SIR ISAAK führte und welche die Mitgliedschaft der Royal Society für die beiden Basler zur Folge hatte [48].

Wenn JOHANN BERNOULLI in seinen zahlreichen Abhandlungen und Preisschriften mit wahrhaft geistreichen und raffinierten mathematischen

Mitteln seine kartesischen Lanzen an den starken britischen Schildern brach, so dürfen verschiedene Umstände nicht vergessen werden:

1. Zu BERNOULLIs zweifellos echten Überzeugungen kartesischer Observanz gesellte sich gewiß auch ein tüchtiger Schuß von Opportunismus: das Lob von Paris und die Auszeichnungen der Académie des Sciences galten ihm sehr viel, und zwar umsomehr, je deutlicher sich sein Gegensatz zu den Engländern wegen des Prioritätsstreits ausprägte - und die französischen Akademiker waren Kartesianer.

2. Es mußte den alternden Vater empfindlich treffen, zuerst seinen Sohn DANIEL, dann auch seinen Meisterschüler LEONHARD EULER ins „englische Lager" überwechseln zu sehen - ihn, dessen Genius er seinerzeit entdeckt und mit seinen sonnabendlichen *Privatissima* so entscheidend gefördert hatte und der als Sechzehnjähriger anläßlich seines Magisterexamens in Basel in seinem ersten öffentlichen Vortrag die Systeme von DESCARTES und NEWTON verglichen hatte. In diesem Kontext ist es übrigens interessant festzustellen, daß BERNOULLI in keinem einzigen Brief in seiner Korrespondenz mit EULER das heikle Thema aufwirft. Wo allenfalls einer der beiden Partner NEWTON namentlich erwähnt, geschieht das stets nur bezüglich technischer Details.

# VII

Lassen Sie mich den letzten Abschnitt meiner Darstellung in Form eines Blumenstraußes geben. In seinen *Wahlverwandtschaften* formulierte GOETHE eine tiefe Weisheit: „Nur das Unzulängliche ist produktiv", und diese Aussage möchte ich anhand von einigen fruchtbaren Unzulänglichkeiten resp. Lücken von NEWTONs *Principia* skizzenhaft andeuten.

Bekanntlich löste NEWTON (im 41. Satz des ersten Buches) das Zweikörperproblem - oder das inverse Zentralkraftproblem für den Fall einer einzelnen Zentralkraft - in folgendem Sinne: er erhielt das Aequivalent der Polargleichung in Differentialform und ließ nur die Integrale offen, die mittels Substitution des Kraftgesetzes auszuwerten waren, während er jedoch die Auswertung dieser Integrale für den Spezialfall leistete, daß die Zentripetalkraft reziprok der dritten Potenz des Abstandes wirke. AITON konstatiert [21: 99] richtig:

„JAKOB HERMANN and JOHANN BERNOULLI [1710] independently proved that the conic sections were the only possible orbits in the vital case of an inverse-square law of force, thus filling a gap left by NEWTON".

Als Fortsetzung in gerader Linie beschäftigte sich LEONHARD EULER ab circa 1725 – wahrscheinlich wesentlich mitangeregt auch durch VARIGNONs *Nouvelle méchanique* (1725) – mit diesem Problemkreis, und seine zweibändige *Mechanica* [49] mit den nachfolgenden Abhandlungen über die Himmelsmechanik [50] begründeten in der direkten Nachfolge NEWTONs diese klassische Disziplin [51], die bekanntlich in ihrer Weiterentwicklung durch GAUSS, LAGRANGE, LAPLACE, JACOBI, LEVERRIER und andere in der Berechnung und schließlichen Entdeckung des Planeten Neptun (1846) ihren vorerst höchsten Triumph feiern konnte.

Raum-zeitliche Gründe zwingen mich, auch andere „fruchtbare Lücken" resp. Mängel in den *Principia* wenigstens mit ein paar Stichworten anzudeuten; „Mängel" in durchaus positiver Wertung, die ausnahmslos Probleme betreffen, deren vollständige Lösungen zu Newtons Zeiten mit den damals verfügbaren Mitteln und Erkenntnissen überhaupt nicht zu bewältigen waren: Ich denke zunächst an das Problem der äußeren Ballistik [52], deren moderne Anfänge über die Linie HUYGENS, NEWTON, JOHANN BERNOULLI, ROBINS, EULER und D'ARCY erst durch LAMBERT abgeschlossen wurden. Erst ihm gelang es, eine explizite Formel für die Bahnkurve eines Geschosses anzugeben [53: 207–224]. Dann an das Problem der Gezeiten, dessen historische Darstellung AITON [54] so schön geleistet hat. Ferner denke ich an die Theorie der Mondbewegung, die für CLAIRAUT und EULER sozusagen zum eigentlichen Wahrheitskriterium für die Newtonsche Attraktionstheorie wurde. In diesem Zusammenhang ist es unerläßlich, auf das Gewaltswerk von TODHUNTER [55] hinzuweisen, das eine wahre Fundgrube der exakten Wissenschaften vor allem des 18. Jahrhunderts ist. Dann der ganze Komplex der Problematik um die Erdfigur, die aufs Engste verbunden ist mit den Namen MAUPERTUIS CLAIRAUT, EULER, D'ALEMBERT, DANIEL BERNOULLI, LEGENDRE LAGRANGE, LAPLACE, um nur einige der Größten nach NEWTON zu nennen.

Schließlich muß unbedingt die ganze Mechanik der Fluide erwähnt werden, deren Geschichte im Anschluß an NEWTON schon verschiedentlich aufgearbeitet worden ist etwa von TRUESDELL [56], I. SZABO [53] und MIKHAILOV [57]. In all diesen Arbeiten nimmt die Weiterentwicklung der Newtonschen Ansätze über Vater JOHANN und Sohn DANIEL BERNOULLI bis zur klassischen Vollendung der Hydrodynamik durch EULER (1755) eine zentrale Stellung ein. Ähnliches läßt sich auch zum globalen Thema der rationalen Mechanik der flexiblen oder elastischen Körper sagen. Treffend schließt z.B. C. TRUESDELL den ersten Teil seines ‚introductional volume' [58] mit den Worten ab:

> „For today it is instantly plain that *the language of our subject is partial differential equations* ... Lacking was a formal *calculus of partial derivatives* ... What was needed was a man who could *express and master the Newtonian view of mechanics in Leibnizian partial differentials*. This man was EULER ... " [58: 141].

Ein Letztes: eine „uneigentliche Lücke" in den *Principia* bildet zugleich die notwendige Grenze des Newtonschen Systems, wie sie sich in der *Hypothesis I* des dritten Buches ausdrückt, nämlich daß das Zentrum des Weltsystems unbeweglich sei. Sie wurde erst mehr oder weniger geschlossen durch die begriffliche Vereinigung von Trägheit, Metrik und Gravitation, so daß Raum und Zeit nicht mehr ohne Inhalt gedacht werden konnten: nämlich durch die Relativitätstheorie. Doch dazwischen liegt noch sehr viel Anderes, und das sprengt natürlich den Rahmen dieser Stunde. Diese hingegen weiß ich nicht trefflicher abzuschließen als mit den eindrücklichen Worten, mit denen der „Kontinentale" LAPLACE 1823 NEWTONs *Principia* gewürdigt hat:

> „Cet admirable Ouvrage contient les germes de toutes les grandes découvertes qui ont été faites depuis sur le système du monde: l'histoire de leur développement par les successeurs de ce grand géomètre serait à la fois le plus utile commentaire de son Ouvrage, et le meilleur guide pour arriver à de nouvelles découvertes" [59].
> [„Dieses bewundernswürdige Meisterwerk enthält die Keime aller großen Entdeckungen, die man seither über das Weltsystem gemacht hat: die Geschichte ihrer Entwicklung durch die Nachfolger dieses großen Mathematikers ist gleichermaßen der nützlichste Kommentar seines Werkes und der beste Leitstern zur Erreichung neuer Entdeckungen".]

## Literatur

1. NEWTON, I., *Philosophiae naturalis principia mathematica*, London 1687; rev. ed. Cambridge 1713.
2. TURNBULL, H. W., SCOTT, J. F., HALL, A. R., TILLING, L., (eds.), *The correspondence of Isaac Newton*, 7 vols., Cambridge, Cambridge University Press, (1959–1977).
3. WHITESIDE, D. T. (ed.), *The mathematical papers of Isaac Newton*, 8 vols., Cambridge, Cambridge University Press, (1967–1981).

4. WHITESIDE, D. T., *The Mathematical Principles underlying Newtons Principia Mathematica*, University of Glasgow (1970).

5. SCHNEIDER, I., Der Mathematiker Abraham de Moivre (1667–1754), *Archive for History of Exact Sciences*, 5, (1968), 177–317.

6. HALL, A. R., *Huygens* and *Newton, The Anglo-Dutch Contribution to the Civilisation of Early Modern Society*, O. U. P. for the British Academy, (1976), 45–59.

7. HUYGENS, C., *Oeuvres complètes*, 22 vols., Den Hag, (1888–1950).

8. BOS, H. J. M., RUDWICK, M. J. S., SNELDERS, A. H. M., VISSER, R. P. W. (eds.), *Studies on Christiaan Huygens*, Lisse, Swets & Zeitlinger B. V. (1980).

9. WESTMAN, R. S., *Huygens and the problem of Cartesianism.* In: [8], 83–103.

10. HUYGENS, C., *Horologium oscillatorium...*, Paris (1673).

11. HALL, M. B., *Huygens' scientific contacts with England.* In: [8], 66–82.

12. BOS, H. J. M., Christiaan Huygens, *Dictionary of Scientific Biography*, VI, New York (1972).

13. AITON, E. J., *The vortex theory of planetary motion*, London, New York (1972).

14. WHITESIDE, D. T., *Newton's* early thoughts on planetary motion; a fresh look, *The British Journal for the History of Science*, 2, 117–137 (1964).

15. FELLMANN, E. A., *G. W. Leibniz – Marginalia in Newtoni Principia Mathematica (1687)*, Paris, Vrin (1973), Collection des travaux de l'Académie Internationale d'Histoire des Sciences, No. 18.

16. LEIBNIZ, G. W., *Mathematische Schriften*, ed. C. J. Gerhardt, 7 vols., Berlin/Halle (1849–1863).

17. LEIBNIZ, G. W., Tentamen de motuum coelestium causis, *Acta Eruditorum*, II, 82–96 (1689).

18. COHEN, J. B., *Introduction to Newton's 'Principia'*, Cambridge, Cambridge University Press (1971).

19. AITON, E. J., The celestial mechanics of Leibniz, *Annals of Science*, 16, (1960), 65–82.

20. AITON, E. J., The celestial mechanics of Leibniz in the light of Newtonian criticism, *Annals of Science*, 18, (1962), 31–41.

21. AITON, E. J., The inverse problem of central forces, *Annals of Science*, 20, (1964), 81–99.

22. AITON, E. J., Leibniz on motion in a resisting medium, *Archive for History of Exact Sciences*, 9, (1972), 257–274.

23. AITON, E. J., The mathematical basis of Leibniz' theory on planetory motion, *Studia Leibnitiana*, Sonderheft 13, (1984), 209–225.

24. AITON, E. J., *Leibniz – a Biography*, Bristol and Boston, Adam Hilger Ltd (1985).

25. MÜLLER, K., KRÖNERT, G., *Leben und Werk von Gottfried Wilhelm Leibniz – Eine Chronik*, Frankfurt a. M., Klostermann (1969).

26. EULER, L., *Methodus inveniendi lineas curvas...*, Lausanne/Geneva (1744); Opera omnia, I. 24.

27. FELLMANN, E. A., Über eine Bemerkung von G. W. Leibniz zu einem Theorem in NEWTONs ‚Principia mathematica', *Verhandl. Naturf. Gesellschaft Basel*, 87/88, (1978), 21–28.

28. FREUDENTHAL, H., Bernhard Nieuwentijt, *Dictionary of Scientific Biography*, X, (1974), 120–121.

29. NIEUWENTIJT, B., *Considerationes circa analyseos ad quantitates infinite parvas applicatae principia, et calculi differentialis usum in resolvendis problematibus geometricis*, Amsterdam (1694).

30. NIEUWENTIJT, B., *Analysis infinitorum seu curvilineorum proprietates ex polygonorum natura deductae*, Amsterdam (1695).

31. LEIBNIZ, G. W. [G. G. L.], Responsio ad nonnullas difficultates, a Dn. Bernardo Nieuwentijt circa methodum differentialem seu infinitesimalem motas, *Acta Eruditorum*, (1695), 310–316.

32. NIEUWENTIJT, B., *Considerationes secundae circa calculi differentialis principia; et responsio ad virum nobilissimum G. G. Leibnitium,* Amsterdam (1696).

33. HERMANN, J., *Responsio ad Clar. viri Bernh. Nieuwentijt considerationes secundas circa calculi differentialis principia editas*, Basel (1700).

34. NIEUWENTIJT, B., *Het regt gebruik der wereltbeschouwingen ter overtuiginge van ongodisten en ongelovigen, aangetoont door...*, Amsterdam (1714).

35. DE L'HOSPITAL G., *Analyse des infiniment petits*, Paris (1696).

36. COSTABEL, P., Pierre Varignon, *Dictionary of Scientific Biography*, XIII, (1976), 584–587.

37. HERMANN, J., *Phoronomia sive de Viribus et Motibus Corporum solidorum et fluidorum libri duo*, Amsterdam (1716).

38. VARIGNON, P., *Projet de nouvelle méchanique*, Paris (1687).

39. VARIGNON, P., Règles du mouvement en général..., *Mémoires de mathématiques et de physiques tirés des registres de l'Académie...*, Paris (1692).

40. FUETER, E., Isaak Newton und die schweizerischen Naturforscher seiner Zeit, *Beiblatt zur Vierteljahrsschrift der Naturforschenden Gesellschaft in Zürich*, No. 28, Jahrg. 82 (1937).

41. BERNOULLI JAK., *Werke*, Bd. 1 (ed. J. O. Fleckenstein), Basel, Birkhäuser (1969).

42. HALL, A. R., *Philosophers at War - The quarrel between Newton and Leibniz*, Cambridge et al., CUP (1980).

43. GJERTSEN D., *The Newton Handbook*, London and New York, Routledge & Kegan Paul (1986).

44. HENDRY, J., Inconsequential Newtonia, *New Scientist*, 5 February 1987.

45. BERNOULLI JOH., Briefwechsel, Bd. 1 (ed. O. Spiess), Basel, Birkhäuser (1955).

46. BERNOULLI JOH., *Opera*, I, Lausanne and Geneva (1742), 196.

47. BRUNET, P., *L'introduction des théories de Newton en France au 18me siècle, I., Avant 1738*, Paris (1931).

48. WOLLENSCHLAEGER, K., Der mathematische Briefwechsel zwischen Johann I Bernoulli und Abraham de Moivre, *Verhandl. Naturf. Ges. Basel*, 34, (1931/32), 151–317.

49. EULER, L., *Mechanica sive motus scientia analytice exposita*, 2 vols., Petersburg (1736); *Opera omnia*, II, 1, 2.

50. EULER, L., *Opera omnia*, II, 25 (ed. M. Schürer), Zürich (1960).

51. VOLK, O., Eulers Beiträge zur Theorie der Bewegungen der Himmelskörper, in: *Leonhard Euler 1707–1783 – Beiträge zu Leben und Werk*, (eds. J. J. Burckhardt, E. A. Fellmann, W. Habicht), Basel, Birkhäuser (1983), 345–362.

52. HALL, R., *Ballistics in the seventeenth century*, Cambridge, CUP (1952).

53. SZABÓ, I., *Geschichte der mechanischen Prinzipien und ihrer wichtigsten Anwendungen*, 3. Aufl. (eds. P. Zimmermann und E. A. Fellmann), Basel, Birkhäuser (1987).

54. AITON, E. J., The contributions of Newton, Bernoulli and Euler to the theory of the tides, *Annals of Science*, 11, (1955), 206–223.

55. TODHUNTER, I., *A History of the Mathematical Theories of Attraction and the Figure of the Earth*, 2 vols., $(1873_1)$, New York, Dover Publications Inc. (1962).

56. TRUESDELL, C., *Essays in the History of Mechanics*, Berlin-Heidelberg-New York, Springer (1968).

57. MIKHAILOV, G. K., Leonhard Euler und die Entwicklung der theoretischen Hydraulik im zweiten Viertel des 18. Jahrhunderts, in: *Leonhard Euler 1707–1783 – Beiträge zu Leben und Werk*, (eds. J. J. Burckhardt, E. A. Fellmann, W. Habicht), Basel, Birkhäuser (1983), 229–241.

58. TRUESDELL, C., The rational mechanics of flexible or elastic bodies 1638–1788, Introduction to *Leonhardi Euleri Opera omnia*, vol. X et XI seriei secundae, *Opera omnia*, II, 11/2, Zürich (1960).

59. *Connaissance des tems pour l'an 1823.*